AF389546

PRÉ-AMBULES

YVES COPPENS

PRÉ-AMBULES

LES PREMIERS PAS DE L'HOMME

Ce livre
est dédié à tous ceux qui ont eu l'idée
de me demander d'écrire,

et, naturellement,
à la Queue du Singe.

(Extrait d'un proverbe masa,
Fort-Lamy, janvier 1960.)

وَّانّ إِرانْ أَيّ إِفْتُو إِخصّاتْ إِزوَارْ إِبيذْ.

Pour pouvoir marcher, il faut se tenir debout.

(Proverbe berbère, Zagora, août 1987.)

Préface

Il y a déjà une bonne quinzaine d'années que j'ai atteint le statut de préfacier. En m'invitant par amitié ou courtoisie à introduire leur œuvre, un certain nombre d'auteurs s'étaient alors chargés, tout à fait innocemment, de me le faire savoir. Ce fut certes le signe clair du passage à une nouvelle classe d'âge que l'on est rarement pressé d'atteindre, mais ce fut aussi la marque d'un honneur, comparable à celui d'être choisi pour parrain, honneur auquel bien sûr je n'ai pas été insensible. J'ai donc écrit une quarantaine de préfaces, et je dois dire que je les ai toutes écrites avec beaucoup de plaisir, car ce genre satisfaisait mon penchant à la brièveté. J'aime écrire, pourvu que ce soit court. Ma formule de publication préférée a longtemps été les merveilleux 15 000 signes des Notes aux *Comptes Rendus de l'Académie des Sciences*. Les deux genres ne peuvent certes se comparer, puisque la Note est spécifique tandis que la Préface est générale, mais il y a dans ces deux exercices la même recherche du court métrage. Comme on est logiquement plus analytique, jeune, quand on apprend et plus synthétique, plus tard, quand on sait qu'on ne saura pas, ma carrière d'« écrivain » aura été ce glissement – un peu schématique, je le confesse – de la Note [1] à la Préface.

Or un beau jour de l'été dernier j'aperçus, sur une pile de livres, dans une librairie parisienne, un petit ouvrage porteur

1. Quand Note prend une majuscule, c'est obligatoirement une Note aux *Comptes Rendus des séances de l'Académie des Sciences* de l'Institut de France.

d'une grande signature et d'un titre qui me fit rêver, *Livre des préfaces*, Jorge Luis Borges. Ce fut un choc qui devint vite une obsession. Je n'avais la prétention de me mesurer ni à l'auteur ni à son texte mais j'avais le désir profond de prendre Borgès pour modèle et de tenter un bout à bout raisonné de mon chapelet de propos liminaires, qu'ils soient écrits ou parlés, car on me demande souvent aussi d'ouvrir des colloques ou d'inaugurer des expositions.

Je proposai l'idée à mon éditeur préféré, Odile Jacob, qui, avec une rapidité d'intuition et de réflexion réunies que je crois de bon augure, accepta.

Après avoir rassemblé et trié les nombreux papiers qui parsèment ma carrière, aidé en cela pour l'ordre par Anne Torregrossa et pour les dessins par Lucienne Beaufils, que je remercie avec chaleur, je me suis donc essayé à un montage. Pour lier les parties en un tout, j'ai injecté quelques notices et lignes d'explication. J'y ai joint le texte de ma leçon inaugurale au Collège de France, qui est, par définition, la préface d'un enseignement. Et j'y ai ajouté préface et postface en pensant que, dans un assemblage si particulier, c'était à l'auteur de se présenter et de « se » conclure. Comme mon propos habituel est l'histoire de l'Homme, dont l'événement essentiel a été le redressement du corps, j'ai par ailleurs tenté de lier dans le titre, *Pré-ambules*, contenant et contenu, préfaces et locomotion, premières lignes et premiers pas. J'espère être parvenu à un discours à peu près continu; j'en mesure la coloration un peu trop souvent autobiographique, difficile à éviter dans des textes de ce genre; je souhaite cependant très vivement que ce patchwork plaise dans son ensemble, dans ses éléments mais aussi dans sa composition et ses coutures.

Fragments de présentation
en guise d'ouverture

(...) Je suis préhistorien de cœur presque depuis toujours et paléontologiste de profession depuis vingt ans [1]; attiré par toutes les disciplines s'occupant du passé, archéologie, préhistoire, paléontologie, géologie (mes premiers souvenirs à cet égard remontent à 1938-1939, j'avais 5 ans), je ne me souviens pas avoir voulu faire autre chose que de la recherche dans ces domaines. Il faut dire que mon père est physicien et qu'il régnait déjà à la maison un certain esprit de recherche. J'ai donc couru le bocage breton mais aussi les campagnes d'Ile-de-France où j'ai passé les années de guerre, à la recherche, dans le Morbihan, des vestiges néolithiques, gaulois, romains, dans l'Oise, des fossiles tertiaires du Bassin de Paris. Je fréquentais les remarquables collections de la Société polymathique du Morbihan dès 1944, respectable Société cent cinquantenaire, et suis devenu d'ailleurs une sorte de conservateur adjoint « perpétuel » de son musée archéologique, assistant, chaque année, avec autant de surprise, à ma réélection à ce poste. J'ai dû commencer à faire part de mes remarques de terrain dans les pages de son bulletin vers 1951 et ça m'est arrivé trente-cinq fois depuis [1].

Je dois ici vous raconter une anecdote; j'ai rencontré, par hasard, à cette époque de mes courses à travers les mégalithes armoricains, un préhistorien parisien en vacances à La Trinité-sur-Mer, M. Guénin, Conseiller à la Société préhistorique fran-

---

1. Écrit en 1976.

çaise. Vous ne pouvez pas imaginer ce que représentait pour moi cette rencontre et la considération dans laquelle je tenais, déjà, l'homme qui avait le privilège de remplir ce rôle de Conseiller de la Société préhistorique française. Nous sommes devenus très vite des amis et nous avons parcouru ensemble, plusieurs étés de suite, entre les années 45 et 50, et avec quel enthousiasme, les belles landes de la région de Quiberon, Carnac et Locmariaquer. Un beau jour, M. Guénin, devant probablement la ténacité de mon intérêt pour la préhistoire, décida de m'ouvrir le monde professionnel et me déclara, sans préparations et à ma grande surprise : « Venez à Paris, je vous présenterai à Vaufrey [1] »; ma réponse, que je croyais bien être la plus polie qui soit, a dû paraître à M. Guénin tout à fait prétentieuse; je lui ai en effet répliqué : « Mais, Monsieur, c'est la moindre des choses! »; et, à compter de ce jour, j'ai mis de côté tout l'argent que je pouvais, n'osant pas demander à M. Guénin combien allait me coûter mon entrée dans le monde des préhistoriens. Plongé dans les lectures des archéologues locaux, Le Rouzic, de Closmadeuc, Marsille ou du Chatellier, j'ai la honte de vous dire qu'à 12, 13 ans, dans le fond de ma Bretagne natale, je ne connaissais pas M. Vaufrey; je l'ai évidemment rencontré un jour, mais dix ans plus tard et j'ai pu apprécier l'ampleur de ses connaissances, la rigueur de son jugement et son immense discrétion; je n'ai jamais osé lui raconter cette histoire!

J'ai passé le baccalauréat sciences expérimentales à Vannes en 1951 et me suis inscrit à Rennes en licence de sciences naturelles et en médecine; et ce passage du niveau local au niveau régional fut pour moi l'occasion de rencontrer les deux directeurs des circonscriptions des Antiquités préhistoriques et des Antiquités historiques de Bretagne, MM. Pierre-Roland Giot et Pierre Merlat, et de fréquenter assidûment, à partir de ce moment, leurs laboratoires, leurs cours et leurs chantiers, ce qui me permit d'élargir considérablement mes connaissances et ma vision de la recherche; ils m'ont appris la rigueur des sciences préhistoriques

---

1. J'avais évidemment compris : « ...je vous présenterai à vos frais ».

et archéologiques, disciplinant un peu mes tendances poétiques. C'est d'ailleurs à M. Pierre-Roland Giot et à M. Jean Cogné, alors chercheur à l'Institut de Géologie de la Faculté des Sciences de Rennes, que je dois ma présentation à la Société préhistorique française le 27 mars 1952, il y a bientôt vingt-quatre ans [1]! M. Leroi-Gourhan en était alors son Président et c'est la 23e fois que je mobilise sa tribune. Enfin mon retour à Paris, en 1955, m'a permis de faire un 3e cycle en paléontologie des Vertébrés et d'entrer au CNRS dans cette spécialité, dès 1956, à la Sorbonne, dans le Laboratoire du professeur Jean Piveteau d'abord, puis au Muséum, dans celui du professeur Jean-Pierre Lehman; après treize années au CNRS, je suis entré, en 1969, dans les cadres de l'Enseignement supérieur en qualité de maître de conférences, sous-directeur du Laboratoire d'anthropologie du Muséum, aux côtés du professeur Robert Gessain, son directeur.

Dans la longue liste des 61 Présidents de la Société préhistorique française [1], je suis heureux de représenter, vingt ans après Camille Arambourg qui fut mon patron de terrain, cette discipline qu'est la paléontologie. Je la définirais volontiers comme « la Science qui s'occupe de tout ce qui a été Vie »; elle vient donc, pour les périodes qui intéressent la préhistoire, décrire les Hommes et reconstituer leur milieu naturel d'existence, le paysage dans lequel ils vivaient et le monde animal qui l'habitait. Je vous suis évidemment très reconnaissant de m'avoir porté à la Présidence mais je suis très heureux que vous ayez honoré, à travers moi, cette sœur jumelle de la préhistoire que je représente et qui vient de faire plonger les origines de l'Homme dans les profondeurs des savanes africaines d'il y a trois à quatre millions d'années.

Nous avons d'ailleurs la chance, dans cette recherche du passé, de nous trouver aux frontières des sciences de la Vie, des sciences de la Terre et des sciences de l'Homme. Cette situation, due en partie au type de découpage de notre enseignement et qui nous met quelquefois en position ambiguë et minoritaire, à cheval sur

---

1. Écrit en 1976.

deux ou trois Facultés, deux ou trois Commissions, deux ou trois Chaires, a le très grand avantage de nous donner une ampleur de recherche dont d'autres disciplines ne bénéficient pas. A l'époque de la pluri- et de la multidisciplinarité, nationale et internationale, que je suis d'ailleurs le premier à encourager et que j'ai eu l'occasion de mettre, très largement, en application dans mes expéditions en Afrique, soyons fiers d'avoir depuis longtemps donné l'exemple; la préhistoire, au sens large, est en effet servie par des chercheurs formés aussi bien en « Sciences » (ce sont plus volontiers les naturalistes, paléontologistes, palynologistes, géologues, sédimentologistes, etc.), en « Lettres » (ce sont les archéologues, les paléo-ethnologues, certains des préhistoriens, les géomorphologues, etc.) qu'en « Médecine » (ce sont les anthropologues, les paléopathologistes, les anatomistes, etc.). L'étude de l'Homme passé, de son milieu naturel et culturel et de leur évolution rassemble, sous notre sigle, les chercheurs de tous ces horizons; la variété des approches enrichit naturellement la qualité et la gamme des résultats; elle ne peut être que bénéfique aux progrès de nos Sciences.

Qu'il me soit permis, à ce propos, d'émettre quelques réflexions critiques, certaines d'ailleurs autocritiques, suscitées par une déjà longue fréquentation de la recherche en général et de la recherche préhistorique en particulier.

Je voudrais d'abord vous dire combien j'ai été frappé, tout au long de mes recherches sur le terrain, par l'immense importance, l'importance démesurée de la *fouille;* le gisement paléontologique, le gisement préhistorique, le gisement archéologique est un dossier d'archives, unique et inestimable : nous, paléontologiste, préhistorien, archéologue, qui venons le lire, nous ne pouvons malheureusement pas, dans la très grande majorité des cas, nous contenter de le consulter; il nous faut l'opérer, le saigner, l'ouvrir, en d'autres termes, le fouiller, c'est-à-dire, quelle que soit la qualité de la fouille, le détruire. Même si nous appliquons toutes les techniques connues à ce jour, le retrait d'un objet d'une couche qui le conserve précieusement depuis des millénaires, des centaines de milliers ou même des millions d'années,

est la destruction d'une preuve. Les méthodes permettent aujour-
d'hui de recueillir plusieurs dizaines de fois plus d'informations
qu'il y a quelques décennies, mais il est tout à fait évident que,
dans quelques autres décennies, les progrès des recherches, des
mesures, des relevés, permettront de recueillir encore beaucoup
plus de données qu'aujourd'hui. Quelles que soient donc les qualités de nos techniques et quelle que soit l'étendue de nos connaissances, quel que soit le détail de la lecture qui en résulte, souvenons-nous bien que nous détruisons à jamais un texte
irremplaçable à chaque fois que nous retirons un objet du sol,
à chaque fois que nous ouvrons une tombe, à chaque fois que
nous perçons une grotte. Dans toute la mesure du possible, ne
fouillons qu'en nous entourant de toutes les garanties et, dans
ce cas, comme le disait Jacques Tixier, il y a quelques jours,
dans une réunion au CNRS, « fouillons très lentement », pleinement conscients de la destruction que nous opérons à chaque
coup de pioche, à chaque coup de pinceau, à chaque extraction.

J'ai été également frappé, au niveau international, par le caractère quelquefois un peu approximatif de nos travaux. La recherche
française est souvent pleine d'idées et de nuances, mais elle ne
se donne pas toujours la peine d'approfondir... Permettez-moi de
souhaiter un effort de rigueur, de précision, en autres termes,
un effort de travail; la préhistoire et les disciplines qui
l'accompagnent sont des sciences, avec tout ce que ceci comporte
de contraintes; pour les servir, il faut leur apporter le plus de
données possible, le plus de précisions possible, le plus de comparaisons possible et de véritables démonstrations pour avoir le
droit à l'interprétation.

Pour que progressent nos sciences, gardons nos laboratoires,
nos collections, nos gisements grands ouverts; les contacts, les
échanges, les rencontres sont toujours à bénéfice réciproque.
Oublions l'époque des pièces inaccessibles, des manuscrits secrets
et des prises de dates sous plis cachetés! La compétition existe,
bien sûr, comme existent les voleurs d'idées; un bon chercheur
n'est-il pas un peu un névrosé obsessionnel qui fait corps avec
son sujet au point de s'en ressentir propriétaire, amant, détenteur

exclusif. C'est évidemment une preuve d'enthousiasme de bon aloi. Mais essayons, sans en perdre la flamme, d'être moins jaloux de nos sujets de recherches et de garder l'esprit aussi ouvert que le cœur. On avance plus vite quand on est plusieurs à réfléchir sur le même problème.

Il est d'ailleurs très souhaitable que ces contacts, ces échanges et ces rencontres se fassent non seulement entre préhistoriens de Paris et de province, de France et de l'étranger, non seulement entre les préhistoriens et les tenants des disciplines voisines, affines, cousines de la préhistoire dont nous avons déjà parlé, mais aussi entre les préhistoriens et des spécialistes de sujets plus éloignés, même si les rapports entre eux ne sont pas immédiatement visibles.

Le cloisonnement des disciplines a cloisonné les esprits; il m'a toujours paru étrange, par exemple, que le préhistorien ait si peu de rapports avec l'ethnologue; il n'est pas question d'assimiler certaines populations actuelles à certaines populations passées, comme il est fait quelquefois; c'est un contresens. Mais il est bien évident que l'étude des techniques encore employées à travers le monde pour tailler ou polir la pierre, bâtir les mégalithes, extraire le sel, etc., peut suggérer quelques hypothèses aux questions posées par le préhistorien. Il est bien évident que l'étude des structures d'habitats laissées par les Hommes anciens a beaucoup à apprendre des relevés des structures laissées aujourd'hui par des populations vivantes que l'on a tout loisir d'étudier.

La recherche française a d'ailleurs été longtemps, en partie à cause de l'indépendance de l'esprit français, extrêmement anarchique; n'importe qui travaillait un peu sur n'importe quoi, sans programmes, sans coordinations, sans concertations. Le CNRS a très heureusement pris conscience de cela et tenté de rattraper la situation en constituant, un peu a posteriori, des laboratoires, des équipes, des recherches sur programmes, des actions thématiques. Il est souvent difficile de travailler en équipe, encore plus difficile de travailler en équipes internationales, mais quelle expérience, quel enrichissement, quelle différence entre le chercheur isolé que nous avons connu et les équipes de toutes disciplines, de toutes nationalités, de toutes formations partageant aujourd'hui leurs connaissances sans la moindre réserve; ceci sans condamner sans recours la recherche individuelle, quelquefois nécessaire, d'autres fois imposée par l'isolement géographique ou la nouveauté du sujet. Il faut évidemment développer la diffusion de nos travaux pour accélérer les progrès de nos sciences. On imagine aisément tout le temps gagné par le chercheur qui dispose, au début d'un travail, de la totalité des connaissances du monde dans son domaine. Autant bénéficier et faire bénéficier du travail déjà réalisé plutôt que de le refaire.

La Recherche, quelle qu'elle soit, n'est pas un luxe d'oisif, contrairement à certaines opinions; elle n'est jamais gratuite; « Il n'y a pas de recherche appliquée, disait Pasteur, il n'y a que les applications de la recherche. » C'est une nécessité liée au développement général de l'humanité et elle doit être traitée comme telle.

C'est cette ouverture entre les hommes de science qui est d'ailleurs à l'origine de la récente ouverture de la science sur le public et vous savez combien je suis persuadé que cette ouverture-là fait aussi partie de notre devoir.

Enfin je reprendrai ici, presque pour mémoire, un thème classique de discours présidentiel, la fausse querelle professionnels-amateurs; disons que la seule chose qui nous importe est évidemment la progression de la connaissance et pour ce faire la qualité de la recherche, *d'où qu'elle vienne*. Nous sommes par suite heureux de souhaiter ici la bienvenue à *tous ceux* qui auront des choses à nous apprendre (...).

SOURCE

Discours de Monsieur Yves Coppens, président entrant, *Bull. Soc. préh. fr.*, Paris, t. 73, CRSM, n° 1, 1976 : 4-6.

CHAPITRE I

Origine et évolution de l'Homme
Question de disciplines

Nombreux sont ceux qui s'essaient à poser « les bornes lointaines de l'humanité », comme disait joliment André Leroi-Gourhan : chercher l'origine de l'Homme et jalonner son évolution
ne font pas l'objet d'une unique spécialité mais mobilisent des
savoirs et des méthodes aussi complémentaires que variés. Les
textes qui suivent tentent de mettre en lumière la pluridisciplinarité de ces travaux sur notre passé et s'attachent à définir,
aussi précisément que possible, le champ des disciplines qui y
participent.

Il sera donc ici question de paléontologie, d'anthropologie, de
paléoanthropologie, de préhistoire et d'ichnologie; la paléontologie est l'étude de la vie passée, l'ichnologie, l'étude de ses traces,
l'anthropologie, l'étude de l'Homme, la paléoanthropologie, l'étude
de l'Homme passé, la préhistoire, l'étude de ses manifestations;
il sera aussi question des diverses méthodes utilisées par ces
sciences, méthodes qui leur sont propres ou qui ont été empruntées à d'autres domaines que les leurs.

Définition de la paléontologie

(...) La paléontologie étudie tout ce qui a été vie et dont les
traces sont appelées fossiles; que cette vie ait été animale ou
végétale, qu'on en retrouve les éléments de ses réceptacles, sque

lettes ou coquilles, ou seulement des manifestations de son existence, pistes ou coprolithes.

C'est donc une science naturelle et c'est même la plus complète de ces sciences puisque sa pratique fait appel à la géologie, à la zoologie et à la botanique. Elle participe largement aux classifications de la première, en datant les terrains par leurs fossiles et en orientant la prospection minière; quant aux deux dernières, qui ne représentent que le panorama du monde vivant à une époque donnée – la nôtre –, la paléontologie, dont le temps est au contraire une des principales dimensions, les englobe en totalité.

Deux faits fondamentaux sont les acquisitions de la paléontologie :

– Les terrains les plus anciens ne recèlent aucune trace de vie; la vie n'a donc pas toujours existé sur la terre; elle est née de la matière.

– Plus le terrain est récent, plus le fossile est compliqué; la vie se transforme donc sans cesse du moment qu'elle a le temps pour énergie. Cette transformation est une complication dans le sens du temps et il n'y a aucune raison de penser que cette transformation, qu'on appelle évolution, ait cessé.

La première phase du travail du paléontologiste est la récolte des fossiles. Il est souhaitable que le paléontologiste aille lui-même sur le gisement les recueillir dans la couche de sédiments qui les a conservés. D'abord parce que cette récolte est souvent délicate et qu'elle demande l'application d'un certain nombre de techniques particulières; ensuite et surtout, parce que la situation, la position, la fréquence, la conservation des fossiles sont autant d'indications qui peuvent avoir une signification. Cette phase n'est d'ailleurs pas la plus désagréable et ici le paléontologiste, comme le géologue, se confond volontiers avec l'explorateur.

Cette récolte peut se composer d'ossements et de dents de vertébrés, de tests d'invertébrés, de moulages internes ou externes d'organes ou d'organismes, de bois fossiles et de pollens, de traces et de pistes, etc. Exceptionnellement, on s'en doute, les animaux ou les plantes sont retrouvés entiers : des sédiments ont permis cette extraordinaire conservation, la glace, l'ambre ou le goudron. Cette récolte doit toujours se compléter de prélèvements du terrain qui contient les fossiles.

L'analyse des éléments du sédiment (morphoscopie, granulométrie, minéraux lourds) apportera des indications sur son origine : rivière, lac, marais, rivage ou fond marin, forêt ou désert, etc.

La détermination des animaux et des plantes représentés, comparés aux animaux et aux plantes actuels les plus proches mais surtout aux fossiles et à leurs associations déjà rencontrés en d'autres terrains et d'autres lieux, permettra de reconstituer le paysage, la flore et la faune de l'époque en question, son climat, ses variations de température, son hygrométrie, la profondeur d'eau s'il s'agit de milieu lacustre ou marin, et même la salure.

A partir de ces débris variés voici donc reconstitué, pour cet endroit précis, le paysage et la vie qui l'animait en un temps également précis : le flash d'une époque. Il restera à relier ce site à ceux qui lui sont contemporains et établir des répartitions dans l'espace des êtres vivants de l'époque étudiée. Pour dessiner cet instantané, le paléontologiste a dû se faire zoologue et botaniste.

Si l'on se souvient de cette acquisition fondamentale de la paléontologie qu'on appelle l'évolution, on comprendra aisément que l'étude d'anatomie comparée, qui a conduit le paléontologiste à déterminer ses fossiles, c'est-à-dire à les ranger systématiquement dans une famille, un genre, une espèce, en les comparant aux fossiles déjà connus, le conduise aussi à les dater et en même temps à dater le terrain qui les a livrés, c'est-à-dire à situer le gisement, sa faune et sa flore dans le temps. Cette datation relative sera évidemment d'autant plus précise que l'espèce fossile qui l'a permise aura une existence plus courte; d'où la notion de bons et de mauvais fossiles stratigraphiques.

Lorsque j'ai reçu, en 1959, de deux géologues de Fort-Lamy [1], un petit lot d'ossements fossiles récoltés par eux dans le nord du Tchad, la présence d'un bon spécimen, un éléphant, *Loxodonta africanava*, uniquement rencontré jusqu'ici dans des terrains de la base du Quaternaire d'Afrique du Nord, m'a permis une datation précise immédiate. Mêlés à leurs restes se trouvaient par exemple des ossements du crocodile *Crocodilus niloticus*, vivant encore aujourd'hui : c'est donc un très mauvais fossile et si je n'avais eu que ses ossements pour me prononcer sur l'âge relatif du terrain, il est bien évident que je n'aurais rien pu conclure sinon que le degré de fossilisation impliquait une certaine ancienneté mais que cette ancienneté ne devait pas excéder le Quaternaire.

Le paléontologiste va donc peu à peu ranger dans le temps les espèces en constante transformation et c'est évidemment cette échelle, à laquelle il se rapporte souvent comme nous venons de le voir et qu'il complète chaque jour, qui est si précieuse pour la géologie et ses applications minière, pétrolifère ou hydrogéologique; c'est alors que le paléontologiste doit très souvent être géologue.

Mes déterminations de fossiles au Tchad m'ont permis par exemple de dater directement un certain nombre de couches géologiques fossilifères, de dater indirectement les autres couches géologiques par déduction stratigraphique, de séparer ainsi les zones quaternaires des zones tertiaires, ce qui prenait ici une particulière importance puisqu'on savait que seules les premières étaient susceptibles de contenir de l'eau; les implantations ultérieures de puits l'ont confirmé. Ceci afin de rassurer ceux que déconcerte l'absence d'utilité pratique, immédiatement décelable, de la paléontologie.

Mais il est bien évident que la partie la plus intéressante du travail du paléontologiste consiste à tenter de raccorder généalogiquement les fossiles entre eux et de reconstruire ainsi l'his-

---

1. Aujourd'hui N'Djamena.

toire de la vie; et dans ce cas, le paléontologiste n'est que paléontologiste.

Alors se poseront à lui de multiples problèmes sur l'origine de la vie, le mécanisme et le sens de son évolution, sa prédétermination ou son adaptation, son avenir... et dans cette transcendance de son sujet, le paléontologiste qui tente d'apporter des réponses à des questions de l'importance idéologique et religieuse que l'on devine se fait philosophe. D'ailleurs, il n'est qu'à lire les façons de concevoir, à partir des mêmes éléments osseux, le problème de l'origine de l'homme pour s'en convaincre.

Convaincre de la variété de sa pratique, de l'intérêt de son exercice, de la portée de ses conclusions ou, du moins, des conséquences de ses conclusions et même de son application : c'était là le but de cette présentation de la paléontologie. Si je n'y suis parvenu, je pense avoir au moins montré qu'il était concevable d'avoir pour cette science une vocation dans toute l'acception passionnelle et mystique du terme.

A l'heure où l'on réforme l'enseignement en France, je voudrais dire encore combien je trouverais préférable d'en reprendre le fond plutôt que d'ergoter sur sa forme. Combien, en effet, il serait souhaitable d'enseigner qu'avant l'Antiquité grecque et romaine qui, pour le bachelier, apparaît comme le fond des âges et le sommet de l'art, il y a eu 2 millions d'années d'histoire de la réflexion, 50 millions d'années d'histoire de l'homme, 1 milliard d'années d'histoire de la vie [1]; que nos échelles de valeurs et nos systèmes n'ont pas le côté absolu qu'on leur prête et qu'il y en a beaucoup d'autres qui, de toute façon, ne sont valables que pour un temps et un lieu; que l'existence est dynamique et que les êtres et les idées – qui ne sont que les fruits d'un système nerveux en transformation – évoluent dans un sens défini comme bougent les continents, se déplacent les mers, se transforment les montagnes, tout comme se renouvelle perpétuellement l'Univers; bref, que le temps est une dimension que l'on ne connaît

---

1. Écrit en 1965. On sait aujourd'hui que les premiers outils ont 3 millions d'années, les premiers Primates, 70 millions d'années, la Vie, presque 4 milliards d'années.

pas assez. Il faut du recul pour prévoir; et il y aurait beaucoup à dire... mais ce n'est pas ici mon propos.

Définition de l'ichnologie

A la mémoire de Jacques Lessertisseur et de Jean-Pierre Lehman, le premier parce qu'il était passionné d'ichnologie, le second parce qu'il ne l'aimait pas trop.

(...) Du modeste remplissage de la galerie d'un ver à la piste émouvante du premier Hominidé debout, ou de l'empreinte discrète d'une sole sur la vase d'un fond aux formidables piétinements d'une bande de Dinosaures dans la boue d'un marigot, l'ichnologie est une discipline d'une infinie variété, pleine de surprises et de « rebondissements ». C'est aussi une science fascinante, car, dans la plus grande partie de son objet, elle s'occupe, aussi incongru que cela puisse paraître, de la description et de l'interprétation de mouvements fossiles, reflets de comportements d'êtres disparus depuis des milliers, des millions, des centaines de millions d'années!

On imagine sans peine l'extraordinaire moisson d'informations que peut apporter une telle discipline; morphologie de parties molles, types de locomotion, poids et répartition du poids, traits paléoécologiques et paléoéthologiques des êtres qui ont laissé leurs traces; à ce que le support en s'imprimant nous permet d'apprendre sur la partie de l'être imprimée et sur l'être lui-même, il convient d'ailleurs d'ajouter ce que cet enregistrement nous enseigne à son tour sur les propriétés du support, elles-mêmes en partie dépendantes des conditions du milieu. C'est donc à la fois un enseignement sur l'auteur de la trace, sur le sédiment qui la porte et sur l'environnement au moment de sa réalisation, que l'on recueille à chaque étude d'une empreinte. Enfin, rappelons que cette étude, qui se fait évidemment d'abord sur le terrain, se complète en laboratoire grâce à la photographie, à la photogrammétrie et grâce surtout aux moulages dont la chimie des matières plastiques a considérablement amélioré les possibilités.

Ce dossier donne une excellente illustration de la diversité des apports de la science ichnologique; Michel Garcia a su faire appel à un éventail d'auteurs et de spécialités suffisamment large pour que la majorité des facettes de cette discipline puisse être présentée. La paléontologie la plus ancienne avec ses terriers, ses galeries et ses pistes et la paléoanthropologie avec ses pas et ses fantasmes « ritualistes » apparaissent en effet aux côtés de la préhistoire, de ses traces, de ses figurations de traces et d'un essai de leur analyse, et de l'histoire et de quelques-uns de ses supports inattendus, je pense aux tuiles romaines par exemple.

Je dois, pour finir, éclairer un peu le sens de ma dédicace sans doute insolite et qui pourrait paraître insolente. Jacques Lessertisseur, décédé en 1978, était maître de conférences et sous-directeur au laboratoire d'Anatomie comparée du Muséum national d'Histoire naturelle; spécialiste, notamment, d'ichnologie, il est l'auteur d'un des meilleurs mémoires sur le sujet, paru en 1955 à la Société géologique de France sous le titre « Traces fossiles d'activité animale et leur signification paléobiologique »; j'ai eu le plaisir, durant l'été 1957, d'accomplir avec lui et Daniel Heyler une mission de relevés d'empreintes de Tétrapodes permiens imprimées sur les superbes dalles de grès rouge de la région de Lodève dans l'Hérault et j'en garde un souvenir éblouissant. Jean-Pierre Lehman, décédé en 1981, était membre de l'Académie des Sciences, professeur et directeur de l'Institut de paléontologie du Muséum national d'Histoire naturelle; sans doute le meilleur spécialiste au monde des Vertébrés du Primaire, Agnathes, Poissons, Stégocéphales, dans la tradition de la grande école suédoise, il considérait l'anatomie comme la seule approche de leur reconstitution qui ait une certaine noblesse et l'ichnologie comme une science annexe, voire un peu anecdotique. Jean-Pierre Lehman a été treize ans mon « patron » et j'ai toujours eu pour lui, comme j'ai pour sa mémoire, une très grande déférence. Si je me permets de lui dédier aussi cette préface, c'est parce que ce dossier, par sa densité et sa rigueur, aurait pu le convaincre de l'importance de la contribution de l'ichnologie aux Sciences auxquelles il a consacré sa vie, mais c'est aussi parce que je sais qu'il s'en serait beaucoup amusé; c'est à la fois un hommage à l'homme et à la discipline.

Définition de l'anthropologie

... Je partage le malaise d'Albert Ducros quant à la dénomination de notre discipline, « anthropologie physique » demeurant la moins mauvaise.

En ce qui concerne la partie historique ou diachronique de celle-ci, que l'on appelle paléontologie humaine en France, paléoanthropologie dans les pays anglo-saxons, j'aurais tendance à suivre plus volontiers la suggestion du Dr Gessain qui la nomme « anthropologie paléontologique ».

Comme il est certain que, pour des raisons d'intérêts scientifiques réciproques, toutes les sciences de l'Homme doivent se rapprocher, il n'est pas mauvais d'avoir un terme générique commun : anthropologie, et un terme spécifique particulier pour dénommer nos activités, sans naturellement tracer de frontières rigides et définitives entre les diverses espèces d'anthropologies.

J'adopte donc, au moins pour le moment, les termes d'anthropologie physique et d'anthropologie paléontologique.

Je voudrais rappeler également à ce propos que je suis sans doute le mieux placé pour lutter contre les frontières entre disciplines puisque la mienne, l'anthropologie paléontologique, est considérée, en fonction des circonstances, comme une science de la Terre, aux côtés de la géologie, une science de la Vie, aux côtés de la biologie, ou une science de l'Homme, aux côtés de l'ethnologie. C'est à la fois un merveilleux privilège intellectuel et un extrême inconfort matériel; regardez-moi bien, je suis un carrefour.

J'en viens à l'idée, très séduisante, de l'étude globale de l'Homme; les formations que reçoivent les divers anthropologues et les méthodes qu'ils utilisent étant très différentes, ce ne sera pas une synthèse facile mais je suis, par contre, tout à fait convaincu que cette étude globale doit être l'un des buts à atteindre et celui, précisément, qui devrait nous rapprocher.

Il est vrai que la culture agit sur l'avenir biologique de l'Homme; mais ne laissons tout de même pas l'arbre nous cacher la forêt. Il est tout à fait certain que les fondements biologiques des Hommes et de leurs produits sont une profonde réalité; les cultures, intimement liées aux Hommes, le sont par suite aussi intimement à leur biologie, leur physiologie, leur biochimie, lesquelles sont elles-mêmes en partie certes, mais toujours, sous la dépendance du milieu; le temps n'est pas venu où l'Homme pourra prendre en main sa propre destinée évolutive.

Quoi qu'il en soit, les rapports entre les anthropologues physiques, paléontologiques et les autres anthropologues s'imposent. L'étude de l'Homme fossile, ou même du préhomme, c'est l'étude de son anatomie, mais aussi, dans toute la mesure du possible, celle de son éthologie, celle de son activité matérielle et par suite psychique, celle de son environnement animal, végétal, climatique, géographique. L'anthropologie paléontologique et sa sœur, la préhistoire, ne sauraient avancer la moindre interprétation des structures révélées par leurs fouilles, sans les informations de l'ethnologie; sans jamais donner de certitude, elle apporte tout de même la seule tentative de démonstration qui soit accessible à des sciences du passé. Beaucoup de problèmes technologiques peuvent de même recevoir ainsi des essais d'explications.

Quant aux liens entre l'anthropologie physique des Hommes actuels et l'ethnologie, ils sont évidents, permanents, indissociables par définition. J'ai participé cinq ans à un cours d'anthropologie physique dans une UER de sciences sociales et je pense qu'un cours d'ethnologie serait des plus profitables aux UER de sciences anatomiques ou biomédicales.

Mais je ne crois pas qu'il faille mélanger à tout prix nos propos, dans les revues spécialisées qui sont des instruments de travail spécifiques. Une publication émanant d'une association d'anthropologues telle que celle qui est envisagée pourrait, par contre, faciliter les contacts par des articles généraux d'informations réciproques. C'est là que peut se faire l'échange.

Il peut aussi se faire sur le tas : j'ai personnellement toujours invité des ethnologues dans mes expéditions paléontologiques – Serge Tornay en Éthiopie, par exemple. Mais cet échange peut aussi se faire au niveau de conférences, de projections, d'expositions et naturellement au niveau personnel. Une association d'anthropologues, encore une fois, pourrait parfaitement remplir ce rôle de lien, créer des occasions de rencontres et diffuser le calendrier des manifestations de la profession.

En conclusion, est-il besoin de le répéter, je suis tout à fait certain de nos liens de parenté, des bénéfices scientifiques que nous pourrions tirer de rapports plus fréquents, de l'unité profonde des sciences de l'Homme.

L'anthropologie *sensu lato*

Le terme « anthropologie » a perdu, en particulier au contact de nos voisins anglo-saxons, le sens dans lequel il a très longtemps été employé en France, celui d'étude du corps de l'homme. Cette anthropologie-là est devenue physique et plus récemment biologique, pour être distinguée de celle que l'on nomme sociale ou culturelle. Peut-être faudra-t-il lui trouver un nom qui lui soit propre; « anthropobiologie » a été proposé par certains, mais n'a pas reçu l'accord de tous. Nous conserverons, dans ce document, celui un peu désuet d'anthropologie physique.

Il est intéressant de parcourir et en même temps de tenter de circonscrire le champ devenu immense de cette discipline, sensiblement moins précis d'ailleurs dans l'esprit de beaucoup que ceux de l'ethnologie ou de la préhistoire. Il faut dire pourtant que ce champ, même en pleine extension, n'en demeure pas moins limité à l'étude de l'histoire naturelle de l'homme. L'anthropologie physique se propose en effet d'étudier la nature de l'homme, son histoire et ses variations, mais il se trouve que ses méthodes et ses techniques nouvelles lui ont donné accès aux niveaux moléculaire, cellulaire et tissulaire et que ce développement l'a fait éclater.

L'histoire de l'Homme, c'est la paléoanthropologie. Anciennement connue sous le terme restreint de paléontologie humaine, cette partie de l'anthropologie physique s'occupe désormais non seulement des ancêtres de l'homme sur le plan anatomique et biomécanique, de leur origine profonde, de leurs parentés animales et du sens de leur évolution, mais aussi du milieu dans lequel ces êtres ont vécu et de ses variations, de la biochimie, de la biologie moléculaire, de l'immunologie, de la cytogénétique de ces parents supposés, et même de leur ethnologie et de leur psychologie, etc. Primatologie, paléoclimatologie, paléoécologie sont ainsi devenues des sciences de consultation permanente dans l'exercice de routine de la paléoanthropologie.

L'étude de la nature de l'Homme et de ses variations passe aujourd'hui par les données descriptives de l'anatomie, de la physiologie, de la biométrie, mais également par des approches aussi variées et différentes que l'hémotypologie, l'ergométrie, la génétique et la démographie; elle se situe par conséquent au carrefour de la biologie et de la médecine, de l'ethnologie et de la sociologie et même de l'économie et de la psychologie.

L'anthropologie physique est bien loin, comme on le voit, de son image d'anthropologie raciale, qui mène encore pourtant des combats d'arrière-garde parce qu'elle trouve, il faut le dire, des combattants.

(...) Voici donc une science à multiples facettes, faisant route sur le terrain avec les géologues ou conduisant insensiblement au cœur de la recherche médicale, pratiquant l'anatomie toujours aussi fondamentale au scalpel et au pied à coulisse et transmettant ses données génétiques au clavier d'un terminal; il faut avouer qu'il n'est pas aisé d'en retenir une image globale si ce n'est celle de sa définition, l'étude dans le temps et dans l'espace de l'Homme et du champ de sa variabilité.

Malgré une apparente dispersion, l'anthropologie physique est donc bien demeurée ce qu'elle a toujours été, l'histoire naturelle de l'Homme. Et ce simple propos en fait une science d'une importance considérable; c'est d'elle que l'on attend la réponse aux questions fondamentales : Qui sommes-nous? D'où venons-nous? Où allons-nous? C'est elle qui doit trancher des problèmes aussi délicats et souvent aussi mal posés que ceux de l'origine de la violence ou de la réalité des races, de l'influence de la société, de la profession ou du milieu sur le développement et le comportement des Hommes, des conséquences de la pollution ou de la folie démographique sur leur avenir. C'est elle qui doit donner un avis éclairé et définitif sur l'avortement, l'euthanasie ou les manipulations génétiques.

En dépit de ces responsabilités, l'anthropologie est très mal traitée; trop modeste et de réputation trop « gratuite », elle ne dispose de postes, de crédits et de locaux que de temps à autre, lorsqu'elle s'habille en médecin ou en explorateur, et qu'elle s'adresse à nos corps en parlant de santé et à nos têtes en parlant de racines.

Compte tenu de son sujet de recherche – notre propre biologie – et de l'importance que peuvent par suite avoir ses conclusions, point n'est besoin d'insister sur l'intérêt d'aider au développement de cette discipline qui n'a pas encore su changer de costume pour séduire.

Un grand institut du corps de l'Homme ou un grand centre de coordination de recherches de biologie humaine ne serait-il pas une partie de la solution?

Élargissement du champ de l'anthropologie et alliances

(...) Le centième anniversaire de la Société d'anthropologie de Bordeaux et du Sud-Ouest nous offre l'occasion d'un bilan; depuis cent ans, l'anthropologie a en effet évolué de façon prodigieuse, notamment en ce qui concerne la rigueur de sa pratique et l'ampleur de sa vision. C'est évidemment en grande partie au développement des techniques employées en anthropologie ou empruntées par elle que l'on doit cet accroissement de sa précision; citons la microscopie électronique, la spectrographie de masse, la scannographie, les datations radio-isotopiques, l'usage de l'électronique dans les biostatistiques, etc. On atteint le niveau tissulaire, cellulaire, moléculaire, on scrute le contenu de l'os, on le découpe aux rayons X, on range les fossiles dans une grille chronologique serrée, on manipule le concept de population... Quant à l'élargissement du champ de la discipline ou de ses alliances, il est en partie une conséquence de ce développement technique; des liens avec la biologie moléculaire, la caryologie, la génétique, la démographie, la primatologie, la paléontologie, etc. se sont, en effet, tissés ou multipliés donnant à l'anthropologie, plus et mieux que précédemment, ce rôle privilégié de charnière entre les sciences de l'Homme, les sciences de la Vie et les sciences de la Terre.

Ce double développement, en largeur et en profondeur, a permis à l'anthropologie de déboucher sur des éléments de réponses de plus en plus solides aux questions essentielles que l'Homme doit se poser depuis qu'il est conscient : Qui sommes-nous? D'où venons-nous? Nous venons du monde animal, notre origine est très ancienne, elle est unique, tropicale et africaine, peut-être née d'un changement climatique auquel il nous a fallu nous adapter (figure 4); et si le milieu a pu avoir, à un certain moment, un rôle sur notre destinée, c'est ensuite l'aménagement de l'outil, ce que l'on appelle parfois la culture, qui s'est développé au point d'intervenir à son tour sur l'évolution biologique (figure 5). Environnement et culture sont sans doute encore, dans des proportions qui, il est vrai, changent sans cesse à l'avantage du second des deux termes, les facteurs qui interviennent sur notre vie et interviendront sur notre avenir.

Azam et Testut, fondateurs de cette Société parce que, disaient-ils, Bordeaux est le centre d'une région riche en « monuments de l'histoire de l'Homme », n'auraient pas pu souhaiter plus admirable destinée à une science qui avait logiquement débuté par décrire, mesurer et classer. « Outre les ossements fossiles, outre les instruments de pierre et de métal, qui constituent en quelque sorte les matériaux propres à constater l'évolution matérielle de l'Homme, il y a la linguistique, la philosophie et l'économie sociale, qui envisagent les progrès de son évolution morale et intellectuelle, et qui rentrent tout aussi bien que le reste dans le cadre d'une Société d'anthropologie » déclarait en effet Léo Testut, le 12 décembre 1883, le jour de la fondation de la Société d'anthropologie de Bordeaux et du Sud-Ouest. L'anthropologie aujourd'hui participe, en effet, à part entière, à une connaissance globale de l'Homme.

Anthropologie et géologie

(...) Désireux de constituer un dossier sur le premier Homme, j'optai pour un document collectif, axé, étant donné le propos, sur les recherches est-africaines et tenant un large compte de toutes les études menées autour du premier Homme, géologie, paléontologie, palynologie, préhistoire. Le but était de faire savoir que la recherche du premier Homme était d'abord une recherche de terrain; et que cette recherche entraînait par suite la récolte d'une masse considérable d'informations autres qu'anthropologiques qui avait finalement permis de replacer l'homme dans son cadre naturel et culturel; or il s'était avéré que ce cadre, loin d'être passif, avait eu un rôle certain et peut-être même prépondérant dans l'évolution de l'Homme, seul but de la recherche au départ, progrès évidemment considérable par rapport à l'ancienne anthropologie de cabinet! Le premier Homme, en prenant de l'âge (géologique) a ainsi fait glisser l'anthropologie vers les sciences de la Terre. Mais comme la paléontologie glissait elle-même vers la biologie, on se retrouvait en définitive en face d'une anthropologie beaucoup plus vaste, beaucoup plus complète par son action et ses contacts. Quel extraordinaire souffle a pris ainsi cette discipline depuis une vingtaine d'années! (...)

Anthropologie et égyptologie

(...) En 1979, pour la première fois dans l'histoire de l'égyptologie, l'anthropologie physique figurait comme discipline à part entière dans un congrès d'égyptologues, et nous en avons profité pour rappeler à tous les participants que les restes humains étaient au moins aussi importants que les restes culturels et que leur récolte méritait d'eux le meilleur soin. Il n'était pas sans intérêt non plus de faire prendre conscience aux égyptologues de la chance exceptionnelle qu'ils avaient d'avoir affaire non seulement à un des ensembles de civilisations les plus brillants de l'histoire de l'humanité mais encore à des cultures qui ont traité leurs morts avec des égards tout à fait extraordinaires puisque l'anthropologue dispose souvent, en plus du squelette, de multiples éléments de ce que l'on nomme les parties molles.

L'ensemble des recherches menées sur les populations anciennes d'Égypte et de Nubie nous a montré que la fameuse question de savoir si ces populations étaient noires ou blanches était une sorte de faux problème qui ne pouvait de toute façon pas être tranché de manière simple et globale. Durant les cinq millénaires de leur existence, tout au long de 3 000 kilomètres de fleuve, les cultures qui se sont succédé ont, bien sûr, assisté à des mouvements de populations d'amplitudes variées, venant sans doute parfois du Proche-Orient, sans doute parfois d'Afrique noire et, dans ce cas, tantôt de l'Est, tantôt de l'Ouest. Les liens de ces cultures, tant avec les populations de la Méditerranée orientale qu'avec celles de l'Afrique des savanes, étaient donc évidents; reste aux anthropologues à les quantifier dans le temps et dans l'espace et l'on doit, pour cela, faire désormais appel aux nouvelles méthodes beaucoup plus rigoureuses de la taxinomie numérique, appelée à remplacer peu à peu la traditionnelle typologie classant par trop les hommes en races et les races comme des timbres-poste.

Des démonstrations de techniques nouvelles, scannographie, chromodensitographie, microscopie électronique, activations nucléaires, sont venues nous faire entrevoir le parti infini que l'on pouvait à l'avenir tirer de pareilles inventions pour l'analyse des tissus, des viscères, de certaines matières organiques comme l'émail des dents et aussi pour la mise en évidence de l'étude des maladies.

Enfin, presque pour nous distraire, certaines applications à des sujets précis ou des interprétations inattendues de textes nous ont permis d'assister à la reconstitution de quelques-unes des meilleures recettes d'embaumement antique : bain de natron ou bain de cire en fonction de la classe de l'enterrement, éviscération soignée et remise en place d'organes empaquetés et ficelés, bourrage au poivre ou à la moutarde du nez et de la bouche, etc. (...)

Vers une approche globale...

(...) L'Homme est évidemment passionné par sa propre histoire; cette recherche répond chez lui à un besoin profond, besoin de connaître et besoin de se rassurer, besoin d'appuyer son existence sur un passé et besoin d'envisager, consciemment ou non, ce que pourrait être son avenir. Cet intérêt s'est encore accru, ces dernières décennies, sous l'influence de la diffusion des découvertes archéologiques, préhistoriques, paléontologiques parce qu'il y a eu un effort important d'information de la part des scientifiques, parce que les supports de cette information se sont considérablement développés et parce que les recherches dans ces disciplines se sont elles-mêmes multipliées en même temps qu'elles bénéficiaient de la mise au point de nombreuses techniques nouvelles et d'un début de décloisonnement des sciences favorisant le travail multidisciplinaire.

L'étude de l'environnement animal, végétal, climatique est venue remettre l'Homme dans son milieu naturel et aider, par la même occasion, à la compréhension de son évolution biologique et culturelle; la radiométrie, le paléomagnétisme, la thermoluminescence ont dessiné les cadres chronologiques de cette évolution avec une précision jamais atteinte; la rigueur des fouilles a permis la naissance de la palethnologie, analyse des relations des restes archéologiques entre eux, jetant une lumière nouvelle sur le mode de vie des Hommes du passé, leurs habitudes, leur économie, leur psychologie.

Le développement des recherches sur l'origine de l'Homme

est, à cet égard, tout à fait spectaculaire : les travaux récents accomplis en Afrique orientale mais aussi en Asie, en Europe et ailleurs en Afrique, ont permis de faire prendre conscience du profond enracinement de l'Homme dans le monde animal en même temps que de la très grande ancienneté de son émergence; l'Homme tend la main au passé. Ils ont permis de faire mieux connaître les Ramapithèques de 15 millions d'années, ascendants probables des Australopithèques [1] dont l'âge atteint aujourd'hui 6 millions d'années, et de découvrir le premier Homme, *Homo habilis*, qui semble remonter à près de 4 millions d'années tandis que sa préhistoire vieillissant des deux tiers de sa durée, accusait 3 millions d'années. Et l'Homme nous apparaît ainsi un beau jour d'il y a 3 ou 4 millions d'années, en Afrique, sous les traits d'un primate de savane sèche, bipède, omnivore, opportuniste, malin et prudent, artisan et social, bientôt conscient et religieux.

Et puis, il va se répandre, conquérir le monde et acquérir une très grande diversité, conséquence de sa très grande extension. Avant que la croissance que connaît sa démographie ne devienne, depuis deux siècles, vertigineuse, ces centaines de milliers puis ces millions d'hommes, divisés géographiquement et culturelle-ment, vont construire la fascinante histoire des civilisations que ce livre, l'*Ascension de l'Homme*, permet à la fois de traverser et de circonscrire.

Qu'il me soit permis de redire le plaisir que j'ai eu à suivre pas à pas tout au long des 70 derniers millions d'années, l'évo-lution du groupe des Primates dont nous faisons partie, à voir y apparaître l'Homme, à en suivre à son tour l'évolution dans le temps et les déplacements dans l'espace et le développement parallèle de l'outillage et de la culture; au-delà des divisions des disciplines sciences de la Terre, sciences de la Vie, sciences de l'Homme, cet ouvrage réalise un grand morceau du rêve de tout chercheur en sciences humaines, avoir une vue globale de l'Homme.

---

1. Écrit en 1977; on ne considère plus aujourd'hui les Ramapithèques comme ayant pu avoir été les ascendants des Australopithèques et des Hommes.

La paléoanthropologie :
morphologie et morphométrie de quelques os célèbres

(...) La mandibule, l'ulna et le métacarpien qui sont décrits dans le très beau mémoire d'André Leguebe et de Michel Toussaint, appartiennent à l'histoire. Découverts en 1866 près de Dinant par un géologue, Édouard Dupont, suffisamment réputé pour qu'il ne soit pas question de mettre en doute ses observations, les restes de la Naulette et notamment la mandibule furent, à leur époque, aussi célèbres que ceux de Néandertal dix ans avant; Pruner Bey, Hamy, Broca, Topinard, entre autres anthropologues écoutés, adhérèrent sans réserves au diagnostic stratigraphique de Dupont qui disait ces restes associés à du Mammouth, du Rhinocéros, de l'Ours, du Renne et du Megaceros et firent avec enthousiasme de la mandibule de la Naulette le spécimen exemplaire de démonstration des idées de Darwin, le chaînon qui manquait entre le Singe et l'Homme.

La mandibule fut ainsi décrite à bien des reprises; l'ulna beaucoup moins; le métacarpien pas du tout. Il y aurait eu en outre une canine dans la récolte de 1866, mais elle semble avoir été victime de l'usure du temps, usure hélas inévitable et bien connue de n'importe quel responsable de collections.

L'étude de MM. Leguebe et Toussaint reprend donc en partie, mais en partie seulement, un certain nombre de publications antérieures. Ce n'en est pas moins un modèle de ce que l'on peut aujourd'hui faire dire à quelques ossements, aussi isolés et incomplets qu'ils puissent être. La description morphologique n'a certes pas changé au fil des cent vingt-deux années de travaux et de la douzaine d'analyses publiées, mais elle est ici beaucoup plus précise, beaucoup plus poussée, beaucoup plus détaillée, elle est en outre comparée à de nombreuses pièces fossiles recueillies depuis et ses éléments sont, un à un, cladistiquement appréciés de manière beaucoup plus fiable quant à leur signification taxinomique et phylétique. La description morphométrique est, par contre, nouvelle; brillante dans son traitement statistique, analyse univariée, bivariée, analyse en composantes principales, groupement hiérarchique... et tout aussi comparée que l'a été la morphologie, elle est en elle-même l'élégante démonstration de l'extraordinaire intérêt de l'os quand il est exploré avec rigueur et compétence. Bien que les caractères archaïques de ces pièces, ceux en tout cas de la mandibule, ne soient que des caractères hérités, leur approche quantitative les place en effet chaque fois, et d'une manière si belle qu'elle apparaît magique, dans les aires graphiques où sont concentrés les fossiles de comparaison attribués aux Hommes de Néandertal. L'Homme de la Naulette a toutes les chances d'appartenir à cette fascinante réalisation de l'Europe et qui y représente probablement l'aboutissement de l'histoire d'*Homo erectus* sur ce continent, *Homo sapiens neandertalensis*, avant que n'arrive l'émigré du Proche-Orient, Cro-Magnon.

Ce mémoire est, en ce sens, par l'exemple, un véritable manifeste de défense de toutes ces sciences qui ont le squelette pour point d'appui, ce qui leur a été si souvent et il faut bien le dire si facilement reproché. L'anthropologie du squelette, morphologique et morphométrique et à plus forte raison la paléoanthropologie, sont de très grandes disciplines que l'observation et la description comparée, la cladistique et la statistique portent au plus haut niveau des sciences de la Terre, de la Nature et de l'Homme (...).

Paléoanthropologie et préhistoire, leçon inaugurale au Collège de France

(...) L'enseignement que je propose a l'ambition de réaliser avec ses ascendants un certain enchaînement tout en se décalant un peu vers la biologie; son double intitulé de « Paléoanthropologie et Préhistoire » devrait faire apparaître cette situation. Les plateaux de la balance qu'elle constitue portent en effet les deux sources essentielles de notre information, l'os et le caillou, le corps et l'esprit, la biologie et la culture. Mon cours portera cette année sur le monde des Hominidés avant que ne soit apparu le genre *Homo,* mon séminaire sur les plus vieux outillages des cinq continents de notre planète, révélateurs de leurs plus anciens peuplements.

Le terme de paléoanthropologie a reçu depuis vingt ans une acception qui lui permettrait en fait de recouvrir, à lui seul, l'ensemble de cette recherche; au lieu d'un plateau, il aurait pu figurer à la fois le fléau et l'aiguille de la balance en question. Sous son bonnet se rangent souvent en effet la paléontologie humaine, la paléoécologie qui fait elle-même appel à la paléoclimatologie et à la paléontologie animale et végétale, mais se range aussi la préhistoire; c'est, en autres termes, l'ensemble de l'étude de l'évolution biologique et culturelle de l'Homme et de son milieu naturel. Mais comme, en France, l'anthropologie tout court est en général considérée comme biologique, il m'a paru justifié, pour éviter toute confusion, d'utiliser aussi « paléoanthropologie » dans ce sens. Il reste donc au joli mot de « préhistoire » le soin de traiter du milieu culturel de l'Homme, ce qui n'en fait pas moins dire à André Leroi-Gourhan que celui de palethnologie pourrait lui être avantageusement substitué. J'ai cependant conservé « préhistoire » pour respecter la tradition de son enseignement au Collège, issue elle-même de la tradition de son emploi dans ce pays qui a joué un rôle de premier plan dans sa naissance et continue de le faire dans son développement. J'emploie donc « paléoanthropologie » dans le sens d'une paléontologie humaine élargie, j'emploie « préhistoire » dans le sens d'une histoire des hommes, de leur comportement, de leur pensée, de leurs techniques, de leur esthétique et de leurs sociétés. Il n'est pas besoin d'ajouter que les contours ainsi tracés n'atteindront jamais une parfaite netteté quel que soit l'effort de la mise au point; bien d'autres disciplines se retrouvent parfois consultées, voire empruntées, par nos deux domaines sans s'y insérer pourtant totalement. Je pense, par exemple, à l'anthropologie physique, à la biochimie, à la caryologie, pour la première, à l'ethnologie, à la linguistique, à la sociologie pour la seconde; mais qu'importent les frontières et le sens des emprunts, le seul propos étant l'approche la mieux armée du phénomène humain.

Mais que s'est-il donc passé depuis vingt ans? Je serais tenté d'emprunter à Jean Dausset, avec beaucoup d'audace, cette phrase si dense qu'il prononça ici même, il y a cinq ans, dans sa leçon inaugurale : « J'ai eu la chance, disait-il, de vivre une des aventures les plus exaltantes de la biologie contemporaine. » J'ai eu en effet moi-même la chance de vivre, de bout en bout, une des aventures les plus exaltantes qu'ait connue l'histoire des sciences paléoanthropologiques depuis son origine.

Cette aventure commence en 1959; Louis Leakey met alors au jour, dans un des niveaux les plus anciens de la célèbre gorge d'Olduvai, en Tanzanie, gorge qu'il fouille depuis 1931, un crâne superbe d'un Australopithèque de seize ans, encore porteur de toutes ses dents. Non content de cette découverte, Louis Leakey a l'idée de tenter une datation radiométrique d'un dépôt de cendre volcanique immédiatement supérieur au niveau qui contenait le crâne; la mesure, qui utilise la transformation du Potassium radioactif en Argon, est faite à Berkeley par Jack Evernden et Garniss Curtis et sa publication, en 1961, ressemble à une explosion. Le crâne d'Australopithèque d'Olduvai aurait plus de 1 750 000 années! J'étais moi-même déjà engagé dans la recherche en Afrique, en l'occurrence au Tchad, lorsque fut découvert le crâne et je venais d'être appelé pour dix-huit mois de service militaire lorsque fut annoncé son âge.

Mais dès 1963, je me retrouvais à Olduvai, à l'invitation de Louis Leakey, partageant avec lui projets, espoirs et enthousiasme. Ce double événement, la découverte d'un Hominidé et sa datation, allait, en effet, déclencher la plus extravagante chasse à l'homme fossile que l'on ait connue de mémoire de paléontologiste. Neuf expéditions internationales s'alignèrent de la plaine de Serengeti à la mer Rouge, de 1963 à 1981, tout au long de 2 000 kilomètres de fossé, dans cette Rift Valley orientale qui précisément abrite le site d'Olduvai : l'expédition de Harvard dans le sud du lac Turkana en 1963, l'expédition du Musée de Nairobi dans le bassin du lac Natron en 1964, l'expédition franco-éthiopienne du gué de Melka Kunturé en 1965, l'expédition du Bedford College de Londres dans le bassin du lac Baringo en 1966, l'expédition internationale de l'Omo en 1967, l'expédition de l'est du lac Turkana en 1968, l'expédition internationale de l'Afar en 1972, l'expédition de la Rift Valley éthiopienne en 1974, l'expédition de la moyenne vallée de l'Awash en 1981 et des centaines de milliers d'ossements fossiles, des centaines de restes d'Hominidés, des milliers de pierres et d'os taillés, des tonnes de sédiments furent recueillis, analysés, comparés, discutés en un brillant et bruyant forum international. Le million et demi d'années qui faisait si peur en 1961, est doublé, quadruplé, décuplé, sans que désormais les chiffres n'embarrassent; et c'est ainsi que les quinze derniers millions d'années de cette province biogéographique petit à petit revivent; grâce aux pollens, aux bois, aux racines, aux feuilles, aux fruits même, le paysage est replanté; grâce aux os, aux dents, aux traces de pas, aux coquilles, la faune est reconstituée; grâce aux sables, aux argiles, aux limons, aux graviers, les rivières et les lacs, les marigots et les terres, le contour des berges et la hauteur des dunes sont mis en place; grâce à l'analyse chimique de ces sédiments, à la détermination de leurs minéraux lourds, à la mesure des isotopes de l'oxygène qu'ils contiennent, aux sens des variations de taille et d'enroulement des mollusques qu'ils emballent, la composition de l'eau, sa salinité, sa température, sa profondeur, son origine, apparaissent; grâce à la répartition des fossiles, à leur taille, à leur poids, à leur orientation, c'est le sens et la vitesse des courants, le degré d'agitation des eaux, la force des phénomènes volcaniques qui sont révélés; grâce à la nature de ces fossiles, aux proportions et aux associations de leurs espèces et à leurs variations, c'est l'importance des précipitations, le taux d'humidité, la fréquence des vents, qui viennent s'ajouter aux données précédentes.

Le niveau où a été découvert le squelette d'Australopithèque appelé Lucie, par exemple, daté de 3 millions d'années, traduit l'image d'un paysage, perché à 1 500 mètres d'altitude au lieu de 400 mètres aujourd'hui, arrosé régulièrement et composé d'un lac bordé de zones marécageuses avec joncs et roseaux et d'une plaine d'inondation plantée d'un tapis de graminées et parcourue de cours d'eau permanents. Plus loin, des savanes arborées s'épaississent peu à peu pour devenir, à une dizaine de kilomètres du lac, de véritables forêts. Des Dinotheriums, des Éléphants, les uns ancêtres des Mammouths que l'on retrouvera plus tard en Europe et beaucoup plus tard sur les murs de nos grottes, les autres ancêtres de l'Éléphant actuel d'Afrique, des Cochons, ancêtres ou cousins des Phacochères, des Girafes, des Sivatheriums, des Hipparions, des Antilopes Impalas, Kobes, Alcélaphes, Tragélaphes et Dikdiks et des Rhinocéros blancs paissent ou broutent dans la prairie et la savane, guettés par des Hyènes, des Panthères, des Dinofelis, des Megantereons, des Homotheriums. Des Cercopithèques et des Colobes peuplent la forêt; des Crocodiles comme ceux actuels du Nil, mais aussi des Gavials, occupent les rivières aux côtés de paisibles Hippopotames.

Si l'on se rappelle que cette région du monde est précisément celle, et très probablement la seule, qui a vu se dérouler cette partie essentielle de l'histoire des primates supérieurs entre Hominoïdés et Hominidés et entre Hominidés et Homme dont nous représentons le terme actuel, on comprendra l'importance de l'aventure, la dimension de l'enjeu.

Je saisirai cet instant pour rendre hommage à ceux, mes aînés et mes maîtres, qui m'ont appris le terrain, Jacques Barbeau dans les déserts du Borkou, Louis Leakey dans les savanes du Zinj, Camille Arambourg, sur les rives du fleuve Omo et pour saluer ceux, mes compagnons, qui l'ont partagé, Françoise Le Guennec-Coppens au Tchad et en Éthiopie, Raymonde Bonnefille, Jean Chavaillon, Claude Guillemot, Jean-Jacques Jaeger, Donald Johanson, Richard Leakey, Maurice Taieb, dans la vallée de l'Omo ou le triangle de l'Afar.

En même temps que se déroulait cette extraordinaire campagne de prospection, de fouille et d'exploitation des sédiments miocènes, pliocènes et pléistocènes d'Afrique orientale, se développaient et se multipliaient, en partie sous son impulsion, les méthodes de datations. La tentative de Leakey, Evernden et Curtis de 1961, qui avait utilisé la désintégration du Potassium radioactif en Argon, est vite devenue routine chaque fois que le terrain s'est prêté à son application. Beaucoup d'autres méthodes, basées sur le même principe, sont alors venues compléter ou remplacer la précédente, celle, par exemple, du Rubidium-Strontium, celle de l'Uranium-Thorium-Plomb, celle de la fission spontanée de l'Uranium, du Thorium ou du Plutonium enregistrée sous forme de traces dans certains minéraux, celle du rapport Béryllium/Aluminium formé en haute atmosphère et accumulé dans les sédiments, ou, par irradiation artificielle du Potassium 39, celle de l'Argon 39-Argon 40. Les datations absolues ainsi acquises, les mesures d'aimantation rémanente des sédiments ou paléomagnétisme, mettant en évidence la succession des différentes directions du champ magnétique terrestre, ont pu être largement appliquées; ainsi est née la magnétostratigraphie ou magnétochronologie. La séquence sédimentaire de l'Omo, en Éthiopie, épaisse de plus de 1 000 mètres, a été, par exemple, étalonnée par les méthodes radiométrique et magnétostratigraphique, de 4 millions d'années à 800 000 ans, à moins de 200 000 ans près, fixant, entre autres événements, les débuts de la taille de la pierre à 3 millions d'années et l'apparition d'*Australopithecus boisei* en même temps que celle d'une grande sécheresse vers 2.500.000 ans.

Voici comment se présentent, dans la séquence de l'Omo, quelques-unes de ces dates :

4 050 000 ans $\pm$ 200 000 ans pour le basalte le plus ancien,
3 790 000 ans $\pm$ 200 000 ans pour un tuf appelé B, et puis
2 930 000 ans $\pm$ 100 000 ans
2 600 000 ans $\pm$ 120 000 ans
2 120 000 ans $\pm$ 110 000 ans
1 990 000 ans $\pm$ 100 000 ans
1.930.000 ans $\pm$ 100 000 ans
1 810 000 ans $\pm$ 90 000 ans
et 1 270 000 ans $\pm$ 90 000 ans,

pour sept autres niveaux successifs de cendres volcaniques, interstratifiés dans la série sédimentaire.

Mais il ne faut pas oublier les méthodes de datation aussi efficaces et variées que celle en plein développement qui utilise le stockage dans certains minéraux des ondes électromagnétiques appelée datation par résonance électronique de spin, celle qui mesure les proportions d'acides aminés lévogyres et dextrogyres des os, les seconds naissant de la transformation ou racémisation des premiers, ou celles, multiples, qui s'efforcent d'estimer le temps d'accumulation d'une certaine épaisseur de sédiments ou le temps d'évolution d'une espèce. Quant aux périodes plus récentes, elles ont vu courir à leur secours le fameux carbone 14, fixé par les animaux et les végétaux vivants et se désintégrant en azote à leur mort, le degré d'hydratation des obsidiennes, anhydres au moment de leur formation, la thermoluminescence des poteries cuites ou des silex brûlés, l'archéomagnétisme des fours ou des poteries restées en place après leur dernier refroidissement. Si l'on ajoute que la méthode du Potassium-Argon fut appliquée à la paléoanthropologie à partir de 1961, celle des traces de fission à partir de 1962, celle du paléomagnétisme à partir de 1963, celle de l'Argon 39 – Argon 40 à partir de 1965, la racémisation des acides aminés à partir de 1970, la résonance électronique de spin à partir de 1978, on comprendra, à nouveau, l'importance de ces vingt dernières années. Pour la première fois, paléoanthropologie et préhistoire s'inséraient dans une cotte chronologique à mailles serrées, facilitant considérablement la recherche et lui apportant en même temps une image de rigueur dont elle ne bénéficiait pas toujours auparavant.

Sans vouloir attribuer tous les mérites à l'opération est-africaine, il est facile de comprendre que vingt années de mélange de disciplines et de nationalités ne pouvaient que conduire à un style nouveau de recherches; la mise en commun de tant de travaux grâce à leurs contacts, à leurs débats, à leurs compétitions, a toujours été étonnamment féconde. Il s'en est suivi un resserrement de la communauté paléoanthropologique internationale et un extraordinaire développement des collaborations entre spécialités, aussi bien, d'ailleurs, à l'intérieur des expéditions de la Rift Valley qu'à l'extérieur. Pendant que géologues, géomorphologues, paléontologistes, paléobotanistes, s'efforçaient, par exemple, de reconstituer, à l'intérieur, paysages et écosystèmes, d'autres géologues, du pont de leurs bateaux-laboratoires, carottaient les fonds océaniques, remontaient d'impressionnantes colonnes de sédiments et, grâce à l'évolution de la morphologie du plancton fossile qu'elles contenaient, fonction de celle de la température de la surface, apportaient, de l'extérieur, de précieuses informations à la reconstitution du climat. Pendant ce temps, d'autres géologues encore, tectoniciens cette fois, rafraîchissaient la vieille idée de Wegener et faisaient faire un pas de géant à la compréhension de l'histoire du globe. Le rapprochement de toutes ces facettes, appuyé par les datations nouvelles, éclaira tout à coup, de façon parfois spectaculaire, le sens des migrations et le dessin des phylogénies si chères à notre science. L'histoire des primates supérieurs, par exemple, que l'on retrouve indifféremment sur les trois continents de l'Ancien Monde, de l'Égypte au Kenya, du Pakistan à la Chine, de la Turquie à la France, s'est rangée dans l'espace et dans le temps, comme par enchantement, lorsque l'on a appris que les primates d'Eurasie, contrairement à ceux d'Afrique, n'excédaient jamais 17 millions d'années et qu'un corridor s'était établi entre l'Afrique et l'Asie, par suite du contact de ces deux plaques, il y a précisément 17 millions d'années. Il n'est pas inutile d'ajouter que la nouvelle conception de tectonique des plaques a été proposée en 1967 et que les sondages marins profonds ont commencé en 1968.

Je ne laisserai pas passer cet épisode sans rendre hommage à ceux, mes maîtres, mes patrons et mes aînés, qui m'ont appris la paléontologie et l'anthropologie, Jean Piveteau dans les grands amphithéâtres sombres de la vieille Sorbonne, Jean-Pierre Lehman et Robert Gessain, au cœur des fabuleuses collections du Jardin des Plantes et du Musée de l'Homme, Francis Clark Howell dans les laboratoires austères de l'Université de Chicago, ni sans saluer ceux, mes compagnons, qui ont partagé cette formation, Jacques Lessertisseur, Daniel Heyler, Denise Sigogneau, Kyou

Jouffroy, Sauveur d'Assignies à Paris, Franck Brown, Lynn Fichter, Ronald Wolf, David Abrams, aux États-Unis. Je rendrai aussi un hommage tout particulier à cette grande et belle Maison qu'est le Muséum national d'Histoire naturelle : chercheur à l'Institut de paléontologie puis au Musée de l'Homme et enfin titulaire de la Chaire d'Anthropologie, héritière de la Démonstration d'Anatomie et de Chirurgie créée en 1635 au Jardin du Roi pour Marin Cureau de la Chambre, j'ai été bénéficiaire, plus d'un quart de siècle, de son esprit de rigueur et d'entreprise mais aussi de charme et d'aventure.

Le développement de la microscopie optique et à plus forte raison de la microscopie électronique allait ouvrir encore de nouveaux domaines aux paléoanthropologues et aux préhistoriens : les premiers se sont penchés sur les surfaces occlusales des dents, les seconds sur les tranchants des outils de pierre. Et telle une piste de patinage, dents et pierres sont apparues porteuses d'une multitude de marques, rayures, éclats, écrasements, polis, caractéristiques de ce que furent leurs activités. Tout était enregistré comme dans la cire molle d'un disque; l'émail des dents révélait la nature du régime alimentaire, frugivore ou folivore, carnivore ou végétarien, et même les proportions du menu omnivore de l'être à qui les dents avaient appartenu. Le fil des outils racontait la nature du travail pratiqué et celle de l'objet travaillé, taille du bois, découpage de la viande, grattage des peaux, coupage de l'os. A l'interprétation de la morphologie dentaire venaient s'ajouter les précieux stigmates de ce que fut la mastication; à la dénomination des types d'outils venaient s'adjoindre les preuves incontestables de ce que furent leurs fonctions. On a pu, pour la première fois, déclarer qu'à coup sûr le grattoir grattait et le racloir raclait; on a pu, pour la première fois, démontrer que les canines des uns cisaillaient tandis que celles des autres broyaient comme des molaires. Au moment où, par exemple, les galets aménagés paraissaient avoir beaucoup plus servi à éplucher des végétaux qu'à dépecer du gibier, les dents d'*Homo habilis* se révélaient avoir précisément beaucoup plus mâché que coupé. Il convient d'évoquer ici les surprenants développements de l'examen, par les mêmes méthodes, de la surface des grains de sable, racontant leurs transports, leurs séjours, en un mot toutes les vicissitudes de leur existence, examen exoscopique complété par une exploration de leurs inclusions, ou endoscopie, révélatrice de leur provenance. L'inquisition tomodensitométrique, ou scannographie, permet depuis peu, grâce au couplage radiographie-ordinateur, d'ajouter le découpage, à l'épaisseur désirée, des objets dont on veut examiner forme ou contenu : leur section transparente apparaîtra sans effort sur un écran à lecture directe. Quant à la microradiographie de l'os, combinée à des analyses chimiques – mesure de la teneur en Magnésium ou en Strontium, des rapports 018/016, C12/C13, des traces de métaux lourds, mesures de déminéralisation, etc. – elle peut parfois trahir des caractéristiques alimentaires, voire des déficiences ou des pollutions, elles-mêmes en rapport avec la transformation du milieu. Ainsi se trouvent peu à peu appliquées à nos sciences ces précieuses techniques d'exploration d'objets organiques ou minéraux, enrichissant considérablement notre connaissance de témoins souvent si modestes. L'application de la microscopie électronique à l'étude de la pierre taillée remonte à 1964, son application à l'examen des surfaces dentaires à 1975, l'exoscopie des minéraux à 1971, l'application de la scannographie à l'os fossile à 1979.

Pendant cette même période, l'accès aux niveaux cellulaires et moléculaires permit à de grandes disciplines de proposer, par un jeu de comparaisons, des distances entre les espèces ou les genres vivants, affinant du même coup nos classifications et nos vieux arbres phylétiques; la première est la cytogénétique ou caryologie, étonnamment précise depuis qu'elle utilise les techniques de marquages. La seconde est le vaste domaine de la biologie moléculaire, de l'immunologie et de l'immuno-diffusion à l'analyse séquentielle des macromolécules. Avec les chromosomes, les mesures immunologiques, les séquences d'acides aminés, les pseudogènes ou la récente méthode d'hybridation de l'ADN, ces sciences ont mis à la disposition de la paléontologie un faisceau de résultats nouveaux particulièrement précieux mais dont la digestion n'a pas toujours été facile. Il a fallu bien des débats et de longs colloques de réajustement pour mettre sur pied une généalogie qui plaise à tout le monde, ce qui est à peu près réalisé aujourd'hui. Jusqu'à l'année dernière cependant, chacun était demeuré à sa place : le paléontologiste restait le maître incontesté du monde des fossiles, le biochimiste et le cytogénéticien se bornant à comparer les formes vivantes. Et puis un beau jour, un biochimiste ne s'est-il pas amusé à injecter à un malheureux lapin un broyat de racines de dents de Ramapithèque et de Sivapithèque de 8 millions d'années! Le lapin, étonné, réagit à l'injection et se mit à fabriquer des anticorps qui, testés vis-à-vis d'antigènes actuels, ont montré que Ramapithèques et Sivapithèques semblaient avoir plus d'affinités avec Gibbons et Orangs-Outans qu'avec Hommes et Chimpanzés. Ce n'est évidemment pas ici l'endroit pour analyser le résultat de cette expérience ni juger de sa signification mais il n'en demeure pas moins que, pour la première fois, la paléoanthropologie eut à compter avec l'intervention de la biochimie sur son propre terrain. C'est, me semble-t-il, une date importante de l'ouverture d'un domaine nouveau auquel, jusque-là, on s'était contenté de rêver. Rappelons encore que les premières mesures immunologiques de distances datent de 1961, la découverte des bandes chromosomiques, du début des années 70, l'expérience d'injection au lapin de protéines miocènes, de 1982.

La biologie moléculaire et la cytogénétique ont donc apporté des précisions considérables aux paléontologistes; elles ont confirmé l'extrême proximité des Hommes et des Grands Singes mais elles ont fait remarquer en outre que, parmi ces Grands Singes, les Gorilles et les Chimpanzés étaient beaucoup plus près de nous que les Orangs-Outans et, mieux encore, que le Chimpanzé nous était incontestablement plus proche que le Gorille. Comme ces résultats ont été souvent accompagnés d'estimations de l'âge de la séparation des uns et des autres sur le grand arbre des filiations, et que les toutes premières estimations — 3 à 5 millions d'années pour ce qui est de la séparation Grands Singes africains-Hominidés par exemple — semblaient extraordinairement courtes aux yeux agacés des paléontologistes, des quantités de travaux de paléoprimatologie et de primatologie ont alors vu le jour pour tenter d'estimer, avec d'autres outils, ces mêmes distances. Citons les nombreuses recherches paléontologiques dans l'Éocène, l'Oligocène ou le Miocène d'Afrique du Nord et de l'Est, d'Arabie, d'Iran, de Turquie, de Grèce, de Hongrie, du Pakistan, de l'Inde, de Birmanie, de Chine. Citons encore les travaux d'embryologie, de physiologie, d'hématologie, de biomécanique et les nouvelles recherches d'immunologie et de biochimie. Ils ont eu le mérite de confirmer cette proximité tout en la repoussant un peu dans le temps; 7 à 10 millions d'années pour la division Panidés-Hominidés paraît aujourd'hui plus raisonnable. La méthode d'hybridation de l'acide désoxyribonucléique vient, par exemple, de proposer les dates de 16 millions d'années pour l'individualisation de la lignée des Orangs-Outans, 10 millions d'années pour le détachement de celle du Gorille et 7 millions et demi d'années pour la divergence Hominidés-Chimpanzés. « Les spécialistes de cette méthode sont en train de faire un travail de dentellière », me disait, il y a quelques jours, le professeur François Gros.

Quant aux très remarquables études d'Éthologie des Grands Singes, elles ont eu l'intérêt d'attirer notre attention sur la difficulté de tracer parfois une frontière entre nos cousins, les Grands Singes, et nous-mêmes. Les Chimpanzés, par exemple, aux sociétés compliquées, se sont révélés capables d'utiliser et d'aménager l'outil, d'apprendre cent cinquante signes et de construire des phrases, d'inventer une danse à la pluie qui ressemble à un rituel, de manifester une incontestable conscience de soi, de tenir compte dans une certaine mesure du tabou de l'inceste.

Chez le Chimpanzé, on a noté, par exemple, l'utilisation de la pierre comme arme de jet et du bâton comme casse-tête mais aussi comme canne pour explorer un objet ou comme levier pour élargir un trou; on a noté aussi l'aménagement du bâton par effeuillage pour attraper les termites ou la confection de sortes d'éponges par mastication de feuilles pour recueillir de l'eau inaccessible aux lèvres, ou saucer les morceaux de cervelle restés au fond d'un crâne, ou encore nettoyer une blessure qui saigne...

Quant aux signes du langage des sourds-muets qu'on leur a appris, ils les maîtrisent au point d'inventer des associations; ne sachant pas, par exemple, comment appeler un cygne, ils l'ont nommé « oiseau d'eau », un zèbre, « tigre blanc », un masque, « chapeau pour les yeux »; c'est évidemment impressionnant!

Je suis, il est vrai, un peu provocateur, car il n'est pas si difficile de démarquer l'Homme de sa parenté simienne, ne serait-ce que par les dimensions et la complexité de sa réflexion, de sa communication ou de sa société. Mais il ne me paraît pas inutile de souligner cette nécessité que nous éprouvons désormais d'avoir parfois recours à une notion quantitative pour nous définir avec plus de sécurité. Rappelons que les expériences de longs séjours parmi les Grands Singes ont commencé en Afrique en 1960, en Asie en 1971, et que les efforts de recherches paléontologiques dans le Néogène se sont multipliés à partir des années 70.

Pendant ce même temps, les méthodes de fouilles faisaient d'extraordinaires progrès et nous avons déjà dit tout ce qu'elles devaient à André Leroi-Gourhan. L'objet, l'empreinte, la trace, même fugace, valent désormais non seulement en tant que tels mais aussi dans leur situation dans l'espace et leurs rapports avec les autres objets, empreintes ou traces. Cette recherche, pour tenter de laisser le moins possible d'informations échapper à l'enregistrement du cahier de fouille, a évidemment permis d'accéder à une multitude de données auparavant détruites et d'interprétations jusqu'alors inaccessibles, concernant notamment l'aménagement de l'espace, le mode de vie des occupants, les fonctions de certains objets. Lorsque l'habitat est, par exemple, resté en place, la hutte en feuillage d'une douzaine de mètres carrés, vieille de 1 800 000 ans, des premiers hommes de Tanzanie ou la tente en peau de renne de 7 à 9 mètres carrés, vieille de 12 000 ans, des chasseurs de la région parisienne, est désormais décrite avec la même fascinante précision. Lorsque la pierre a été taillée sur place, par exemple encore, il devient possible, éclat par éclat, de faire, à l'envers, le chemin du tailleur; on imagine sans peine ce que sont, dès lors, les progrès dans la reconstitution des gestes, la compréhension des techniques et l'établissement des divers degrés de complication atteints par ces équipements et l'esprit de leurs inventeurs.

André Leroi-Gourhan décrit à peu près ainsi le campement magdalénien de Pincevent, près de Fontainebleau : quelques dizaines de familles nomades, il y a une douzaine de milliers d'années, arrivaient là, au début de l'été, au moment des basses eaux de la Seine, et s'y installaient pour deux, trois, parfois cinq mois pour chasser le Renne. Elles plantaient leurs tentes circulaires, de 3 mètres de diamètre environ et creusaient un foyer en cuvette devant l'entrée, foyer auprès duquel étaient placés quelques grands récipients fixes. Derrière le foyer se trouvait l'aire de travail, taille du silex par exemple, et de repas et, au fond de la tente, le couchage. Le Renne constituait l'ordinaire du menu et la quantité de viande de Renne consommée par jour et par personne a été estimée à environ 450 grammes. Les animaux chassés et abattus étaient d'ailleurs rapportés entiers au village pour être dépecés. Quant aux détritus, déchets de taille ou reliefs de repas, ils étaient tout simplement jetés par la porte de la tente et constituaient une nappe s'étendant parfois jusqu'à 5 à 7 mètres de l'entrée, « à moins, écrit M. Leroi-Gourhan, que des raisons de bon voisinage ou de parenté n'aient fait planter deux ou trois tentes contiguës ou voisines »... le dépotoir était alors à l'écart et commun.

Il est d'ailleurs amusant de noter que c'est cet effort de rigueur de la préhistoire qui a donné mauvaise conscience aux disciplines voisines, en amont comme en aval; l'archéologie, même la plus classique, ne saurait aujourd'hui faire fi ni de la stratigraphie ni de la répartition des objets à chaque niveau, même pas des restes squelettiques pourtant si ennuyeux quand on les rencontre entiers : n'oublions pas, par exemple, qu'un squelette humain est fait de 206 ossements! Quant à la paléontologie, elle a été conduite à inventer la taphonomie, ou étude du passage des restes animaux ou végétaux de la biosphère à la lithosphère, de la biocœnose à la thanatocœnose, science qui connaît désormais, aidée de l'observation contemporaine, voire de l'expérimentation, un développement plein d'intérêt : comme on pouvait en effet s'en douter, le degré de conservation des fossiles est fonction du sédiment qui l'enveloppe et la répartition naturelle des restes organiques dans une couche, fonction du caractère, de la force, de la vitesse et du sens de l'agent responsable de cette répartition. Enfin, comme un des rares recours du préhistorien lorsqu'il réfléchit aux constructions, aux artisanats, aux techniques, demeure de s'adresser à l'extraordinaire laboratoire que constituent les 5 milliards d'hommes vivants aujourd'hui sur la Terre, bien des aspects de l'ethnologie sont venus l'aider dans sa recherche et notamment, depuis quelques années, l'étude de ce que laisse au sol toute population contemporaine lorsqu'elle quitte un habitat. Des comparaisons peuvent alors être tentées dans la mesure où elles sont manipulées avec une très grande précaution, ne pouvant évidemment jamais être plaquées de manière simple et directe sur le modèle préhistorique. Toutes ces démarches, de croissance récente — la taphonomie n'est guère appliquée de manière systématique que depuis 1970 —, ont donné une autre dimension à la paléoanthropologie et à la préhistoire en même temps qu'elles bâtissaient une école de précision et de patience.

Qu'il me soit permis de rendre ici hommage à ceux, mes maîtres et mes patrons, qui m'ont appris, à l'université de Rennes, la préhistoire, l'histoire ancienne et la fouille, Pierre-Roland Giot à la faculté des Sciences et dans les tertres tumulaires ou les tholos néolithiques de la Croix Saint-Pierre, du Quillio, de Carn ou de Barnenez, Pierre Merlat à la faculté des Lettres et dans les camps fortifiés gallo-romains de Trouguer en Cleden Cap Sizun et de saluer ceux, mes Compagnons, qui ont partagé cette école, Jacques Briard, Jean L'Helgouach, Bernard Moussié en préhistoire, Louis Pape, René Sanquer, Dominique Bousquet en archéologie.

Il serait possible de poursuivre encore longtemps cette leçon en allongeant la liste des techniques récemment appliquées à nos domaines, en enrichissant celle des disciplines venues collaborer avec elles et en nous efforçant de mesurer l'extraordinaire croissance du champ de la paléoanthropologie et de la préhistoire. Qu'il nous suffise de dire, à ce point de l'exposé, combien immense a été ce développement depuis vingt ans, combien incroyable a été l'augmentation consécutive du nombre des données et étonnante celle du nombre des idées.

Il semble bien aujourd'hui, qu'après une période quelque peu confuse, les grandes lignes de notre histoire se dessinent en effet et que, pour commencer, les fameuses roulettes du berceau de l'Humanité dont s'amusait l'abbé Breuil soient définitivement calées. Africains depuis des millions d'années, nos ascendants se seraient trouvés, vers la fin du Miocène, inféodés à la forêt et à la savane boisée qui, de l'Atlantique à l'Océan Indien, barraient l'Afrique équatoriale : l'effondrement de la Rift Valley, accompagné de mouvements de relèvements de ses bords, aurait coupé en deux parties inégales la population de nos ancêtres, coupure simplement tectonique d'abord, devenue barrière écologique par suite d'un partage des précipitations. Notre histoire est alors celle bien connue de l'évolution de populations insulaires. Entre la Rift et l'Océan Atlantique, les cousins de l'Ouest maintiennent ou améliorent leur adaptation au milieu arboré ; entre la Rift et l'Océan Indien, les cousins de l'Est luttent pour survivre dans un milieu qui se déboise et, en s'ouvrant, les découvre. On appelle les premiers, les Panidés, les seconds, les Hominidés (figure 4). Louis Leakey, Camille Arambourg, Mary Leakey, Bill Bishop, Francis Clark Howell, Richard Leakey, Jean Chavaillon, Maurice Taieb, Donald Johanson, Jon Kalb, John Desmond Clark, Timothy White, Hidemi Ishida et moi-même avons recueilli plus de 2 000 restes de ces Hominidés. Ils se nomment Australopithèques d'abord, *Homo habilis* ensuite ; ils se sont redressés d'abord, équipés d'un encéphale de plus en plus important et de mieux en mieux irrigué ensuite ; et à partir de 3 millions d'années sont apparus à leurs côtés les premiers objets taillés du monde, révélant l'idée d'une réflexion, d'un apprentissage, d'une complication de la société et d'un développement des communications entre ses membres. Au moment où, dans la même région qui s'assèche, le Cheval court plus vite et l'Éléphant mange plus dur, comme l'attestent la patte de l'un et la dent de l'autre, l'Hominidé se lève, réfléchit, fabrique et s'organise comme pour mieux se défendre. Quand on se projette tout d'un coup dans les grandes sociétés contemporaines et que l'on mesure la complexité de leurs structures, la densité de leurs communications, l'importance de leur apprentissage, le degré de leur réflexion, on est à la fois émerveillé et abasourdi. Quelle étrange histoire que la nôtre, peut-être née, dans un climat qui change, de l'obligation de changer avec lui pour survivre. C'est en tout cas cette grande aventure paléoanthropologique qui a fait découvrir en vingt ans que notre origine était unique, africaine, tropicale et très ancienne, et que l'évolution du milieu naturel avait influencé de manière considérable et sans doute décisive notre propre évolution.

Peut-être parce qu'il chasse, *Homo habilis* devient plus mobile que ne l'était son prédécesseur; peut-être parce que sa population s'accroît, doit-il reconnaître de nouveaux territoires et bientôt s'y établir. Toujours est-il qu'on le rencontre alors de proche en proche à travers toute l'Afrique mais aussi une large portion de l'Eurasie; l'Ancien Monde se remplit comme un vase. Cet Homme dont le corps grandit, tandis que grossit la tête, découvre la symétrie, diversifie son équipement, organise son habitat et rend au crâne de ses morts un hommage que l'on qualifierait aujourd'hui de barbare. Il va s'acheminer ainsi morphologiquement vers nous, culturellement vers des sociétés de plus en plus compliquées, des outillages de plus en plus efficaces, des rites d'inhumation que nous avons l'impression de mieux comprendre et une expression esthétique qui nous confond, tandis qu'il achève de conquérir le monde. Là où sa cueillette est fructueuse, il va s'installer de façon plus durable et peu à peu semer pour mieux récolter; ce sont alors des problèmes de comptabilité qui le conduisent à symboliser les quantités par des jetons, puis en en imprimant les formes dans de l'argile fraîche, à réduire à deux dimensions ce qui était en trois; l'écriture plonge ainsi ses racines dans un passé d'une bonne douzaine de milliers d'années. La transformation des métaux, la maîtrise du cuivre il y a 6 000 à 7 000 ans, puis celle de l'étain et bientôt du fer il y a 3 000 ans, vont faire accomplir un nouveau bond à l'économie en même temps qu'à la démographie; nous étions alors probablement un peu moins de 100 millions d'hommes sur la Terre. Nous sommes aujourd'hui 5 milliards, nos communications sont instantanées et notre société bientôt mondiale.

Selon le découpage de nos enseignements, ces recherches se rapportent tantôt aux domaines des sciences géologiques et biologiques, tantôt aux domaines des lettres et sciences humaines, tantôt aux domaines de la médecine et des sciences biomédicales, les uns et les autres étant sans cesse intimement mêlés. Ces disciplines qui ne peuvent collecter leurs documents qu'en terre et les lire qu'en fonction de la compréhension de leur enveloppe sédimentaire appartiennent en effet incontestablement aux sciences géologiques. Mais il ne fait pas de doute non plus que ces documents, qui sont en partie des restes organiques, représentent, même lorsqu'ils sont totalement minéralisés, des témoignages de ce qui a été vivant; on ne peut nier l'appartenance de leurs analyses aux sciences biologiques. Lorsque ces restes sont ceux d'Hominidés et qu'ils se trouvent accompagnés de ces objets, fabriqués ou déplacés, qui désormais les caractérisent, les sciences humaines en revendiquent à juste raison les études. Une part importante de ces recherches, l'anatomie, la biomécanique, la paléopathologie trouve, en outre, des liens incontestables avec les sciences biomédicales. Sans quitter le simple énoncé de l'enchaînement des êtres, des événements et des cultures que ces travaux permettent de mettre en ordre, n'oublions pas non plus que notre domaine est évidemment de plain-pied dans celui de la philosophie. On pourrait encore avancer que la part que prend, dans nos travaux, l'hypothèse, la reconstitution des êtres et des mondes perdus, par exemple, n'est parfois pas éloignée du domaine de l'imaginaire. Enfin devant l'engouement manifesté pour nos recherches par tous les publics dans tous les pays du monde, ne peut-on penser par ailleurs avoir acquis, sans doute inconsciemment, une sorte de langage universel qui ne paraît pas d'une autre nature que celle du langage de l'Art.

Peut-être représentons-nous un des exemples les plus démonstratifs de rencontres de ces mondes, évidemment séparés de manière tout à fait artificielle. Ce serait une bien terne évidence que de dire en effet combien leurs limites sont conventionnelles; comment pourrait-il d'ailleurs en être autrement? Il n'est cependant pas inutile de souligner cette particularité, je dirais ce privilège, de situation frontalière dont tente de rendre compte l'image de balance entre paléoanthropologie et préhistoire. Je suis d'ailleurs enchanté de tenter, dans le cadre de cette Chaire, un enseignement confondu de ces deux volets que l'on n'a que trop tendance à séparer sous prétexte que la plupart des méthodes qui les appréhendent diffèrent.

A côté de leurs caractéristiques propres qui les rattachent ainsi aux divers domaines cités, nous avons vu comment, en vingt ans, paléoanthropologie et préhistoire ont étendu leur champ et multiplié leurs alliances. Cette croissance semble d'ailleurs avoir conduit ces disciplines à une sorte de maturité qui est en train de se manifester par la mise sur pied, pour la première fois, de programmes à long terme : dans le schéma des migrations et des filiations qui s'est peu à peu mis en place, on voit désormais où se trouvent les interrogations, les points faibles, les silences; on sait qu'il faut rechercher les pré-Chimpanzés pour vérifier le scénario de notre origine, on sait qu'il faut interroger l'Arabie pour connaître l'âge de nos premières sorties, on sait qu'il faut remonter l'horloge moléculaire pour étalonner notre itinéraire. Il n'y a pas si longtemps, après tout, que l'on a abandonné l'idée d'une origine asiatique et oligocène de notre famille.

Scientifiques dans la démarche qu'ils suivent ou poétiques dans les images qu'ils dessinent, ces deux domaines complémentaires sont donc en train d'avancer des éléments de réponse aux grandes questions de nature, d'origine et de destinée que l'Homme se pose depuis qu'il est conscient; c'est très probablement une des raisons de l'intérêt qu'ils suscitent dans un monde où les dogmes s'affaiblissent. Mais en faisant, en outre, peu à peu connaître tous les Hommes et toutes les cultures qui se sont succédé sur notre planète, paléoanthropologie et préhistoire, au même titre que l'histoire, l'archéologie ou l'ethnologie, semblent bien être aussi en train de bâtir une sorte de nouvel Humanisme.

Cet extraordinaire courant d'exaltation des valeurs humaines fut inventé à Athènes. Les Sophistes sont, semble-t-il, en effet, les premiers qui, tout en alliant connaissance biologique et sciences sociales, placent l'Homme au centre de leur réflexion; mais c'est évidemment la Renaissance, en d'autres termes, les philologistes, les encyclopédistes, les artistes des XVe et XVIe siècles d'Italie et de France qui, en redécouvrant l'Antiquité grecque, romaine et hébraïque, va développer brillamment ce concept d'humanisme. Le mouvement tiendra trois siècles et puis progressivement se transformera et se refroidira sous l'influence probable de la croissance des sciences. Aujourd'hui où apparaît au fond du passé ou au bout de l'horizon l'aventure de milliers de civilisations, de sociétés, de langues, de religions, de coutumes à travers 3 à 4 millions d'années, 70 à 100 milliards d'Hommes et 200 000 générations, c'est, me semble-t-il, un autre humanisme, celui-là universel, qui est au coin de la route. Et la préhistoire joue évidemment un rôle considérable dans cette renaissance du bout de notre millénaire. Apparue timidement au XVIIIe siècle, il a fallu attendre le premier tiers du XIXe siècle — la découverte du premier fossile humain à Engis en Belgique par le Dr Schmerling, il y a très exactement cent cinquante ans et la démonstration de la contemporanéité des Hommes et des animaux antédiluviens par Boucher de Perthes en 1836 — pour que l'idée de préhistoire s'impose. Et puis, peu à peu, au fil des découvertes, l'Homme est apparu de plus en plus ancien, son histoire avant l'histoire de plus en plus complexe et s'est creusé, non sans réticences, notre champ de recherches. Il a fallu en effet une bonne et parfois longue bataille par Homme fossile pour que paléoanthropologie et préhistoire gagnent leurs galons; nous n'étions pas plus préparés à admettre cette épaisseur du passé que cette succession de têtes dont la lourdeur des traits nous choquait; nous ne pouvons oublier les qualificatifs de barbare, sauvage, pathologique, arriéré mental, rugueux et disgracieux, attribués à l'Homme de Neandertal qu'un anatomiste allemand avait même déterminé comme un arthritique ayant reçu des coups sur la tête; le Pithécanthrope n'a pas été plus épargné puisque, du Gibbon géant à l'Orang-Outan, on en a fait tout sauf un Homme. Quant à l'Australopithèque, il a été très longtemps considéré comme un parent éteint du Chimpanzé, ou mieux, comme un Chimpanzé déformé. Les milieux scientifiques étaient eux-mêmes inconsciemment victimes de cet état d'esprit et repoussaient le problème pour en retarder la solution; on disait : ce n'est pas lui, c'est un autre; ce n'est pas ici, c'est ailleurs; les Anglais appelaient joliment cette période « the over-there school of Prehistory »! Mais les choses ont doucement pris leur place; on a progressivement admis que Neandertal, Pithécanthrope, Australopithèque représentaient bel et bien les membres en succession inverse de notre propre famille. Et, depuis vingt ans, comme nous venons de le voir, l'extraordinaire accélération des recherches et des découvertes, les progrès immenses des méthodes de datations, ceux non moins incroyables de la biologie moléculaire, les travaux moins spectaculaires mais tout aussi insidieux de l'éthologie, laissent de moins en moins de doutes, même aux plus sceptiques, sur la façon dont il faut se résoudre à écrire l'histoire. L'influence de la paléoanthropologie et de la préhistoire sur la pensée de ce siècle a d'ailleurs été d'autant plus importante qu'elle n'a fait que se conforter de découverte en découverte et la dernière étape, dont cette leçon a voulu dessiner les grands traits, a été décisive. Comment pourrait-on, impunément, déclarer désormais sans cesse et partout que l'Homme est issu du monde animal, que Gorilles et Chimpanzés sont incontestablement nos parents les plus proches, que nous sommes, tous, de la même origine et que nous partageons donc, tous, le même poids d'histoire, que nous sommes nés en Afrique, parfaitement adaptés au monde des tropiques, et que nous sommes ce que nous sommes un peu parce qu'il a fait très sec là où nous étions et parce que nous avons développé cet épiphénomène étrange, prolongement de notre corps, que nous appelons Culture, comment pourrait-on donc déclarer tout cela sans finir par transformer profondément la façon de penser à l'Homme. Et pendant que s'allongent les millénaires et que s'ajoutent sans cesse de nouvelles formes humaines, artisans de nouvelles cultures, les sciences de l'infiniment petit abattent les dernières cloisons entre ce que l'on avait appelé « races »; il n'y a plus de solution de continuité entre les Hommes de la Terre, pas plus qu'il n'en reste entre les Hommes fossiles. L'humanité, dans le temps comme dans l'espace, prend ainsi, depuis quelques années, l'allure d'une extraordinaire unité, riche de ses différences individuelles, populationnelles, culturelles (...).

SOURCES

La paléontologie. *In :* Les lauréats par eux-mêmes. *Le Courrier de la Vocation*, Paris, nᵒ 6, mai 1965 : 13-17.

Traces et empreintes, images de la vie disparue. *Les Dossiers, Histoire et Archéologie*, Traces et messages de la préhistoire, nᵒ 90, janvier 1985 : 10.

Interventions *In :* Anthropologie, biologie humaine. Colloque international CNRS, *l'Anthropologie en France, situation actuelle et avenir*, Paris, 1979 : 256-258.

L'état de la recherche en anthropologie physique en France. *In :* Maurice Godelier, Les Sciences de l'Homme et de la Société en France, *La Documentation française*, 1982 : 151-160.

Préface, Communications du Centenaire de l'Anthropologie dans le Sud-Ouest. *Bull. Soc. Anthrop. Sud-Ouest*, Bordeaux, t. XIX, nᵒ 2, 1984 : 63-64.

Le premier Homme. *Les Dossiers, Histoire et Archéologie*, Le premier Homme, nᵒ 60, février 1982 : 6-7.

Introduction. Yves Coppens et Eugen Strouhal éd., Actes du premier Colloque international d'Anthropologie physique des anciens Égyptiens, 2ᵉ Congrès international des Égyptologues, Grenoble, 1979. *Bull. et Mém. Soc. Anthrop. Paris*, t. 8, sér. XIII, 1981 : 229-230.

Préface. *In :* L'ascension de l'Homme. Solar éditeur, Paris, 1977. (Traduction de *The Rise of Man.*)

Préface. *In :* André Leguebe et Michel Toussaint, La mandibule et le cubitus de la Naulette (Hulsonniaux, Belgique). *Cahiers de Paléoanthropologie du* CNRS, publiés sous la direction d'Yves Coppens, sous presse.

Leçon inaugurale faite le vendredi 2 décembre 1983, Collège de France, Chaire de paléoanthropologie et préhistoire. Collège de France, 1984, 94 : 34 p. (ici : 9 à 34).

CHAPITRE II

Les grands anciens et leurs institutions

Quand on consacre du temps à réfléchir au phénomène de l'évolution, on ne peut manquer d'être obsédé par l'idée de filiation. Dès lors, nul ne s'étonnera si j'ai à cœur d'évoquer plusieurs des figures qui n'ont cessé de m'aider dans mon travail : hommes de terrain ou hommes de laboratoire, souvent les deux à la fois, ces grands anciens avaient en commun d'être fascinés par l'Homme et son passé. Géologues, archéologues, préhistoriens, anthropologues, paléontologues, quelquefois ethnologues, médecins, ils composent une sorte de famille à laquelle je suis fier d'appartenir.

Pour mener à bien leurs recherches, ces hommes se sont servis d'Institutions autant qu'ils les ont servies : Centre national de la Recherche scientifique, Sorbonne, Muséum national d'Histoire naturelle et son Institut de Sciences humaines, le Musée de l'Homme, Collège de France, Institut de France... Comme toutes ces institutions ont été successivement les miennes, c'est évidemment surtout à des membres de celles-ci – à part deux Britanniques, père et fils, devenus Kenyens, Louis et Richard Leakey, et un Sud-Africain, Phillip Tobias – que j'ai eu à rendre hommage, à l'occasion d'une succession, d'un anniversaire ou d'une préface : Henri Breuil et André Leroi-Gourhan, mes prédécesseurs au Collège de France, Pierre Teilhard de Chardin qui aurait pu l'être; Henri-Victor Vallois, Jacques Millot, Robert Gessain mes prédécesseurs au Musée de l'Homme; Camille Arambourg et Jean-Pierre Lehman, au Muséum; Henri Breuil, André Leroi-

Gourhan, Pierre Teilhard de Chardin, Jacques Millot, Camille Arambourg, Jean-Pierre Lehman ayant été en outre mes prédécesseurs à l'Institut de France, les deux premiers à l'Académie des Inscriptions et Belles Lettres, les quatre suivants à l'Académie des Sciences.

*
* *

Itinéraire

On me pardonnera de prendre ma propre carrière comme prétexte à une promenade parisienne reliant les principales Institutions.

Je suis entré dans la vie professionnelle le 1er octobre 1956, comme stagiaire de recherche au Centre national de la Recherche scientifique et ma première affectation a été le Laboratoire de paléontologie des Vertébrés et de paléontologie humaine du professeur Jean Piveteau où je venais de faire mes études, à la Sorbonne, ce *Collegium pauperum magistrorum*, pension pour les étudiants et les maîtres en théologie, pauvres, fondée par Robert de Sorbon, chapelain de Saint-Louis, en 1253, il y sept cent trente-cinq ans.

Et puis quelques mois plus tard, dès 1957, j'étais entraîné au Muséum national d'Histoire naturelle par le nouveau directeur de son Laboratoire de paléontologie, le professeur Jean-Pierre Lehman; je me retrouvais ainsi, à quelques centaines de mètres de la Sorbonne, dans le prestigieux Jardin royal des Plantes médicinales, créé, sur les conseils de son médecin ordinaire, Guy de la Brosse, par Louis XIII en 1633, il y a trois cent cinquante-cinq ans, pour dispenser un enseignement meilleur aux futurs médecins et apothicaires.

J'y reçus en 1980 la Chaire d'Anthropologie, héritière de la Démonstration d'anatomie et de chirurgie offerte en 1635 à Marin Cureau de la Chambre, le premier de mes dix-huit prédécesseurs, et séjournai vingt-six années au total dans cette Institution, douze sur la rive gauche, au jardin devenu... « des plantes » et quatorze sur la rive droite, au Musée de l'Homme, que je sous-dirigeai à l'invitation du professeur Robert Gessain, puis dirigeai, à sa suite, et qui vient de fêter son cinquantième anniversaire.

En 1983, j'étais invité par les professeurs Jacques Ruffié, Jean Dausset, François Jacob, Jean Leclant, à traverser à nouveau la Seine pour prendre cette fois une Chaire, la Chaire nouvelle de paléoanthropologie et préhistoire au Collège de France, le *Collegium regium Galliarum,* né en 1530, il y a quatre cent cinquante-huit ans, d'une heureuse initiative de François Ier qu'inspirait son maître de librairie, Guillaume Budé. L'esprit de la Renaissance avait en effet soufflé, d'Italie encore, sur la France mais l'Université de Paris n'y avait pas été très sensible; pour la contourner, le Roi créa six lecteurs ne dépendant que de lui-même, deux pour le grec, trois pour l'hébreu, un pour les mathématiques et un septième, quatre ans plus tard, pour l'éloquence latine; et ce furent ces lecteurs qui bientôt s'organisèrent pour fonder le Collège royal de France.

Enfin, pour terminer cette promenade dans Paris, j'ai été élu en 1985 à l'une des cinq Académies, l'Académie des Sciences, de l'Institut de France, dont la plus ancienne, l'Académie française, fut dotée d'un statut, inspiré des académies florentines, en 1635, il y a donc trois cent cinquante-trois ans, par le cardinal de Richelieu, à nouveau sous le sceau de Louis XIII.

La Chaire d'anthropologie du Muséum

Le Muséum national d'Histoire naturelle de Paris est l'héritier du Jardin du Roi, fondé en 1633 sous le règne de Louis XIII. Le plus ancien anthropologue de cette grande Institution y fut nommé par un édit du Roi dès juin 1635 sous le titre de démonstrateur d'anatomie et de chirurgie; il s'appelait Marin Cureau de la Chambre et demeura en poste jusqu'en 1669. François Cureau de la Chambre lui succéda de 1671 à 1680 et Guichard du Verney de 1682 à 1729. En 1729, le titre de démonstrateur d'anatomie et de chirurgie disparut et une Chaire d'anatomie fut créée, dont F. J. Hunauld fut le premier titulaire de 1729 à 1742; puis ce furent J. B. Winslow de 1743 à 1751, Ferrein de 1751 à 1769, Antoine Petit de 1769 à 1776 et enfin A. Portal à partir de 1777. Toutes les Chaires de l'établissement furent alors redéfinies dans le cadre du Muséum national d'Histoire naturelle, créé officiellement; la Chaire d'anatomie de Portal devint ainsi Chaire d'anatomie humaine le 10 juin 1793. En 1832, P. Flourens succéda donc à Portal comme professeur d'anatomie humaine. Mais l'anthropologue suivant A. Serres, reçut une Chaire qui cette fois s'appela d'anatomie et d'histoire naturelle de l'Homme et en 1855, A. de Quatrefages fut le premier titulaire d'une Chaire d'anthropologie; A. Hamy en 1892, R. Verneau en 1909, P. Rivet en 1928 furent ses successeurs. En 1937, P. Rivet installa le laboratoire au Palais de Chaillot, où nous sommes actuellement et fonda le Musée de l'Homme où il regroupa les collections d'anthropologie physique et de préhistoire conservées auparavant au Jardin des Plantes et les collections d'ethnographie du Musée d'ethnographie du Palais de l'ancien Trocadéro; une fois de plus P. Rivet changea l'intitulé de la Chaire qui devint « Ethnologie des Hommes modernes et fossiles ». Puis Henri Vallois en 1941 et Jacques Millot en 1961 succédèrent à P. Rivet comme professeurs d'ethnologie des Hommes modernes et fossiles au Muséum et comme Directeurs du Musée de l'Homme. Mais une Chaire de préhistoire ayant été créée en 1962 (Doyen Lionel Balout) et une Chaire d'ethnologie, en 1972 (Jean Guiart), le Dr Robert Gessain, nommé en 1968 entre ces créations, fut successivement professeur d'Anthropologie et d'Ethnologie et Directeur du Musée de l'Homme et professeur d'Anthropologie et Directeur au Musée de l'Homme. Henry de Lumley succéda à L. Balout à la direction du Laboratoire de préhistoire en janvier 1980 et Yves Coppens à Robert Gessain à celle du Laboratoire d'anthropologie en mars 1980.

Ainsi, le professorat d'anthropologie du Muséum est l'héritier de charges qui se sont succédé pendant trois cent quarante-cinq ans, depuis la nomination du premier Démonstrateur d'anatomie et de chirurgie en 1635; Yves Coppens en est le dix-huitième titulaire [1].

Le Laboratoire d'anthropologie du Muséum qui est également un laboratoire associé au Centre national de la Recherche scientifique, appelé Centre de Recherches anthropologiques du Musée de l'Homme (CRAMH), représente 2 000 m² de bureaux, laboratoires, réserves et galeries d'exposition au Musée de l'Homme; son équipe se compose d'une cinquantaine de personnes.

Ses collections sont très importantes : environ 150 000 pièces, dont 35 000 crânes et des milliers de squelettes complets de tous les continents (quelques séries sont uniques comme celle des Négritos des Philippines, celle des Négrillos africains et celle des Guanches des îles Canaries), des collections d'os pathologiques, de déformations rituelles, de momies égyptiennes, guanches, péruviennes et franques, des préparations anatomiques et bien sûr de très nombreuses pièces paléoanthropologiques prestigieuses qui sont soit en dépôt, soit la propriété du Laboratoire, Australopithèques et *Homo habilis* est-africains, *Homo erectus* est-africains, nord-africains et européens, néandertaliens français, *Homo sapiens* moustériens d'Afrique du Nord, Cro-Magnons, Hommes du Paléolithique supérieur, du Néolithique et des Âges des métaux.

Le programme de recherche est réparti en six équipes, trois consacrées à la Paléoanthropologie (hominidés fossiles et leur environnement) et trois à l'Anthropologie biologique, génétique et démographique (petites populations actuelles du Sénégal oriental, des Pyrénées et du Groenland).

Plusieurs enseignements sont dispensés par les chercheurs du Muséum, à Paris et dans des universités étrangères et un important programme d'expositions est proposé au public toute l'année : les plus récentes étaient « Les origines de l'Homme »

---

1. Écrit en 1980.

(commissaire scientifique, Yves Coppens, 1976-1978) et « L'Histoire naturelle de la sexualité » (commissaire scientifique, André Langaney, 1977-1978); la prochaine exposition est en cours de préparation, en collaboration avec le Laboratoire de Préhistoire et ouvrira en automne 1981; elle s'intitulera « Les premiers Européens ».

La Préhistoire au Collège de France :
Henri Breuil, Pierre Teilhard de Chardin,
André Leroi-Gourhan

(...) C'est une tradition de cinquante-quatre ans déjà que je saisis en affichant à nouveau sur ces murs, après une très courte interruption, le terme de préhistoire, tradition que l'on ne peut qualifier d'ancienne au regard de l'âge de bien d'autres Chaires mais qui se trouve pourtant déjà illustrée par deux grands noms, Henri Breuil et André Leroi-Gourhan, et par l'ombre d'un troisième, Pierre Teilhard de Chardin. Bien que l'introduction de ce dernier dans cet hommage ne soit pas très orthodoxe, puisqu'il ne fut jamais élu au Collège de France, elle ne me paraît pas non plus tout à fait anormale; le père Teilhard fut appelé par plusieurs professeurs de la Maison; dans des lettres aujourd'hui publiées, il fait alors savoir combien ce choix le touche, l'intéresse et l'honore. Mais la procédure est arrêtée, son Ordre ne l'ayant pas autorisé à répondre à cette sollicitation, soulignant du même coup l'importance de l'Homme et de l'Institution.

Breuil, Teilhard de Chardin, Leroi-Gourhan, trois Maîtres aux personnalités bien différentes et que lient pourtant l'attrait des sciences naturelles, la fascination du passé, la passion du terrain, l'art pré la synthèse. Il serait vain, comme on peut s'en douter, d'en définir en quelques lignes les œuvres immenses et complexes.

Je ne peux cependant m'empêcher de rappeler l'extraordinaire travail de relevés de peintures et de gravures pariétales réalisé par l'abbé Breuil dont le coup de crayon était devenu légendaire; « si ces dessins sont faux, avait-il déclaré en ma présence un jour, en parlant des figures de Mammouths de la grotte de Rouffignac, ils imitent si bien les modèles magdaléniens qu'une seule personne au monde aurait été capable de les peindre, et cette personne, c'est moi; comme je n'en suis pas l'auteur, je peux vous assurer que ces dessins sont authentiques ». On dit qu'il passa, au total, plus de deux années dans les grottes de France, d'Espagne, de Rhodésie et d'Afrique du Sud. Il a, le premier, ouvert les yeux des préhistoriens, mais aussi ceux des peintres, à ce qu'il appelait « ces splendeurs inutiles à la vie matérielle, essentielles à l'esprit ». Son classement du paléolithique supérieur basé sur la stratigraphie et l'évolution typologique des outillages est une autre pièce maîtresse de son œuvre et tout spécialiste connaît la vigueur de ceux de ses écrits qui en défendent l'ordre de succession. Mais ses tentatives de compréhension de l'histoire combien complexe des dépôts, des creusements, des emboîtements, des solifluxions des vallées ou des côtes du nord de la France, de la Belgique et du sud de l'Angleterre n'en sont pas moins importantes; elles aboutirent à l'idée nouvelle d'une chronologie longue du paléolithique inférieur, clairement confirmée depuis, jalonnée par les outillages de l'Abbevillien, du Clactonien, de l'Acheuléen et du Levalloisien.

Le révérend père Teilhard de Chardin apparaît plutôt comme un géologue et un paléontologiste et, bien entendu, comme un philosophe, aux côtés de son ami préhistorien Henri Breuil. Ses travaux sur les Mammifères du Paléocène et de l'Éocène d'Europe, du Miocène, du Pliocène et du Pléistocène d'Extrême-Orient font toujours autorité; ses recherches de géologie sédimentaire en Chine, en Indonésie, en Éthiopie, en Afrique du Sud restent les précieuses observations d'un infatigable homme de terrain. Son activité en paléoanthropologie est moins participante; il visite et réfléchit plus qu'il ne fouille mais intègre magistralement toutes les connaissances de son époque en des synthèses élégantes qui ressemblent à des prédictions. N'a-t-il pas déclaré en 1954 : « Au point où nous en sommes parvenus de nos connaissances en paléontologie générale, il paraît surprenant que l'Afrique n'ait pas été identifiée du premier coup comme la seule région du monde où rechercher, avec quelque chance de succès, les premières traces de l'espèce humaine. » On sait avec quel éclat les travaux de ces vingt dernières années lui ont donné raison. Extrêmement séduit par la perspective d'un enseignement au Collège, Pierre Teilhard y pensa certainement beaucoup puisque, quelques mois avant ce qui aurait pu être le vote de l'Assemblée des professeurs sur l'intitulé de la Chaire qui lui était destinée, il déclarait être parvenu à une définition du contenu de ses futures leçons : « Nulle part des cours sont encore donnés où la mise en place, la structure et l'épanouissement du groupe zoologique humain, considéré comme un tout, soient techniquement présentés... c'est, me semble-t-il, dans cette direction encore neuve, qu'il serait intéressant de voir le Collège de France faire une expérience que je serais disposé à tenter... », écrivait-il le 23 septembre 1948 à Paul Fallot, titulaire de la Chaire de géologie méditerranéenne. S'il avait été élu, le père Teilhard n'aurait pu enseigner que trois ans, de 1948 à 1951 [1]. Mais ses idées n'en ont pas moins été exposées du haut de ces estrades par bien des orateurs et tout particulièrement par un de ses amis, Édouard Le Roy, titulaire près de vingt ans de la Chaire de philosophie. Le professeur Jean Piveteau, qui suivait alors les discussions entre Pierre Teilhard et Édouard Le Roy, raconte que ce dernier déclarait volontiers ne plus savoir très bien quelle idée était de lui et quelle idée était de Teilhard, tant leur dialogue était uni.

André Leroi-Gourhan vint en 1969; introduisant son expérience ethnologique en préhistoire et reliant ainsi, de manière comparée, les hommes du présent à ceux du passé, il rapprocha de nous l'Homme fossile. Menant en outre, avec rigueur et patience, des chantiers écoles devenus des modèles, il porta à un niveau jamais atteint la précision de la fouille et le soin de la récolte; mieux que quiconque il a montré que la mise au jour d'une surface ancienne n'était autre que l'établissement d'un texte et que la lecture de ce texte ne pouvait être réalisée qu'une fois. Mais l'Art pariétal a aussi exercé sur André Leroi-Gourhan,

---

1. C'est une erreur; la retraite au Collège de France était alors à 75 ans; le père Teilhard aurait donc pu enseigner 8 ans, de 1948 à 1956 (en fait, 7 ans, puisqu'il est mort en 1955).

comme il l'avait fait sur Breuil, son extraordinaire pouvoir d'envoûtement; n'est-ce pas, après tout, une partie de sa fonction? Après un travail considérable sur plus de 2 000 figures, il parvint à établir la participation de l'ensemble de la caverne dans l'œuvre, démontrer la symbolique sexuelle du couple bison-cheval et conclure à la nature de contenant mythologique, susceptible d'avoir contenu une infinité de récits et de pratiques, de ce message de plusieurs dizaines de milliers d'années. Ces travaux de technologie, de paléthologie, d'esthétique joints à sa réflexion sur l'Homme, sa pensée, ses gestes, sa société ont débouché sur une œuvre philosophique vaste mais précise, que l'on peut qualifier à la fois d'évolutionniste et de globale. Pour André Leroi-Gourhan, le propos de cet immense domaine est en effet de « chercher à poser les bornes lointaines de l'Humanité dans le temps et dans l'espace, chercher à voir l'Homme dans sa totalité ». Ce sont tout à fait ces termes que je serais tenté de retenir s'il fallait définir l'intitulé de la Chaire que j'occupe aujourd'hui.

Tel est donc le lourd héritage que je dois assumer et faire fructifier jusqu'en l'an 2004 (...).

Pierre Teilhard de Chardin

« Au point où nous en sommes parvenus de nos connaissances en paléontologie générale, il paraît surprenant que l'Afrique n'ait pas été identifiée du premier coup comme la seule région du monde où rechercher, avec quelque chance de succès, les premières traces de l'espèce humaine. » Ainsi s'exprimait donc, avec une extraordinaire clairvoyance, Pierre Teilhard de Chardin en septembre 1954 à New York.

Moins de cinq années plus tard allait commencer en Afrique orientale la plus grande aventure paléontologique de tous les temps; le long de 2 000 kilomètres de faille, là où les sédiments s'accumulent comme dans un piège, 8 grandes expéditions internationales, soit plus de 500 personnes, allaient, pendant quinze années, recueillir des centaines de milliers d'ossements fossiles et parmi eux des centaines de restes d'Hominidés. L'histoire de l'espèce humaine prit alors un recul considérable puisqu'on parle désormais de 3 à 4 millions d'années pour l'Homme, de 3 millions d'années pour les premiers outils de pierre, de près de 2 millions d'années pour la première construction, de 1 500 000 ans pour les premiers rites.

Je ne peux m'empêcher d'imaginer quel intense bonheur c'eût été pour Pierre Teilhard de Chardin de vivre cette toute récente période. Si je commence par cette citation prophétique et par un bref bilan de ce que nous avons découvert et appris depuis la mort du père Teilhard de Chardin, c'est bien sûr pour lier le monde des connaissances des années 50 à celui que nous sommes en train de vivre. Mais c'est aussi pour rappeler que Pierre Teilhard de Chardin fut d'abord un paléontologiste.

Pierre Teilhard de Chardin eut en effet le coup de foudre pour la paléontologie dès sa première rencontre avec Marcellin Boule, professeur de paléontologie au Muséum.

« Vous souvenez-vous de notre première entrevue vers la mi-juillet 1912? lui écrivait-il un jour. Ce jour-là, je vins timidement, vers les 2 heures, sonner à la porte si souvent franchie depuis, du laboratoire de la place Valhubert. Vous étiez exactement à la veille (sacrée!) de votre départ pour les vacances, très occupé. Cependant Thévenin força la consigne. Vous me reçûtes quand même. Et... vous me fîtes la proposition de venir travailler chez vous, à l'École de Gaudry – à votre école. Et voici comment, à cinq minutes près, je m'embarquai dans ce qui a été mon existence depuis lors, la recherche et l'aventure dans le champ de la paléontologie humaine. Jamais, je crois, la Providence n'aura joué aussi serré dans ma vie... »

Et Pierre Teilhard de Chardin va fréquenter pendant onze ans, avec une grande assiduité, les collections fameuses de l'Institut de paléontologie du Muséum; il y travaillera dans la vieille bibliothèque qui donne sur la place Valhubert, à quelques marches en dessous du bureau de Marcellin Boule, aux côtés de Jean Piveteau et, de temps à autre, lorsqu'il parvenait à s'échapper de son enseignement à Alger, aux côtés de Camille Arambourg.

Si son départ pour la Chine en 1923 marque le début de très longs séjours à l'étranger et de multiples voyages à travers le monde, cette vie très active ne l'empêchera pas, à chacun de ses passages à Paris, de revenir travailler dans cette grande institution du Jardin des Plantes où il a reçu, à 31 ans, « le choc des fossiles ».

En plus de sa vie de penseur et d'écrivain et de sa vie de prêtre, Pierre Teilhard de Chardin a donc mené une vie tout à fait remplie de paléontologiste. Lorsque l'on consulte la liste de ses travaux scientifiques, on s'aperçoit que sa production est celle d'un excellent chercheur, comme s'il n'avait fait que cela; de 5-6 à 12-13 articles ou mémoires par an, un total de plus de 250 titres en une quarantaine d'années de recherches; et je regrette vivement que la très grande majorité des ouvrages qui lui ont été consacrés ne fasse que bien rarement état de cet aspect important de son œuvre, œuvre heureusement réunie et étudiée en 1971 par Nicole et Karl Schmitz-Moormann en dix volumes chez Walter Verlag à Fribourg-en-Brisgau.

Prenons une année au hasard, 1924 par exemple, on y compte sept articles dont un de plus de 40 pages :
1. *Note sur la structure des montagnes de l'ouest de Linn Ming Kwan (Chine méridionale).*
2. *Geology of Northern Chihli and Eastern Mongolia.*
3. *On the Geology of Northern, Western and Southern Borders of the Ordos, China.*
4. *On the discovery of a Palaeolithic industry in Northern China.*
5. *Observations géologiques sur la bordure occidentale et méridionale de l'Ordos.*
6. *Observations complémentaires sur la géologie de l'Ordos.*
7. *Les gisements de Mammifères paléocènes de la Belgique.*

Cet exemple, mais on pourrait en trouver beaucoup d'autres, illustre en tout cas très joliment les glissements habituels de la paléontologie vers la géologie à un bout, parce qu'il faut bien commencer par le contenant pour comprendre d'où vient le contenu, les fossiles, et vers la préhistoire à l'autre bout, parce qu'au travers du temps et de ses dépôts, on cherche toujours, consciemment ou non, l'Homme.

Et Pierre Teilhard de Chardin a si bien ressenti cela que le premier institut de recherche qu'il a eu l'occasion de fonder fut, en 1940, à Pékin, avec le père Leroy, l'Institut qu'il nomma de géobiologie, la Terre et la Vie, dont les travaux, quelques années plus tard, parurent dans une nouvelle revue appelée *Geobiologia*.

Sans faire ici un catalogue de l'œuvre scientifique de Pierre Teilhard de Chardin, il est intéressant de noter qu'il a suivi essentiellement deux grands axes de recherches en paléontologie des vertébrés, le premier, plus phylétique, de 1914 à 1922, date de la soutenance de sa thèse, et consistant en l'étude des Mammifères du Paléocène et de l'Éocène d'Europe (Carnivores et Primates des phosphorites de l'Éocène du Quercy, Mammifères du Paléocène et de l'Eocène inférieur de Belgique, Mammifères de l'Éocène inférieur du conglomérat de Cernay, du conglomérat de Meudon et des sablières de la montagne de Reims et d'Épernay), le second, plus biogéographique et biostratigraphique, de 1923 à 1945, et consistant en l'étude des Mammifères du Tertiaire et de la base du Quaternaire d'Extrême-Orient (Mammifères tertiaires de Chine et de Mongolie, Mammifères fossiles de Nihowan, Mammifères fossiles de Chou Kou Tien, Proboscidiens, Camélidés, Giraffidés, Cavicornes et Cervidés pliocènes du Sud-Est Shansi, Cervidés miocènes de Shantung, Rongeurs pliocène et pléistocène inférieur du nord de la Chine, Félidés de Chine, Mustélidés de Chine, etc.).

En paléontologie humaine, bien que, comme le fait remarquer Jean Piveteau, Pierre Teilhard de Chardin n'ait jamais étudié à proprement parler le moindre fossile humain, il a suivi de très près, à partir de 1929, la plupart des grands travaux concernant cette recherche. Pendant ses longs séjours en Chine par exemple, il a participé aux fouilles du fameux gisement de Chou Kou Tien près de Pékin, aux côtés de Davidson Black, George Barbour, C.C. Young et Pei Wen-Chung ainsi qu'à l'étude proprement dite des restes de Sinanthropes aux côtés de Franz Weidenreich; il s'est rendu en outre à Java en 1935 et en 1938 pour visiter avec

Ralph von Koenigswald les fameux sites à Pithécanthropes de Trinil et de Sangiran puis il est allé étudier, à deux reprises également, en 1951 et en 1953, les grottes à Australopithèques d'Afrique du Sud sous la conduite de Revil Mason, Van Riet Lowe et John Robinson.

Les industries préhistoriques n'échappent évidemment pas à l'intérêt du père Teilhard; quand il prospecte pour rechercher des fossiles, il cherche également bien sûr les traces de l'Homme et c'est ainsi qu'il a été amené à découvrir de nombreux sites paléolithiques et néolithiques en Chine, en Inde, en Birmanie, à Djibouti, en Éthiopie, à en visiter beaucoup d'autres et à tenter des synthèses. Citons entre autres ses articles sur *the discovery of a Palaeolithic industry in Northern China, le paléolithique de la Chine, le néolithique de la Chine, le paléolithique en Somalie française et en Abyssinie, les industries lithiques de Somalie française, the lithic industry of the Sinanthropus Deposits in Chou Kou Tien, on some Neolithic (and possibly Palaeolithic) Finds in Mongolia, Sinkiang and West China, le paléolithique du Siam, le paléolithique du Harrar, the New advances made by Prehistory in South Africa, Joint Geological and Prehistoric Studies on the late Cenozoic in India.*

Quant à ses travaux de géologie, ils sont très nombreux et très importants; il est facile de se rendre compte combien Teilhard s'attachait avant toute récolte à l'étude fondamentale de la structure des dépôts; je pense qu'il a dû écrire sur la géologie de tous les sites qu'il lui a été donné d'étudier ou de visiter, de Jersey à Java et bien évidemment à travers toute la Chine *(sur la structure de l'île de Jersey; on the Geology of the Northern, Western and Southern Borders of the Ordos, China; le massif volcanique du Dalai Noor (Gobi oriental); geological Study of the Deposits of the Sangkanho Basin; les couches de passage entre le Tertiaire et le Quaternaire en Chine septentrionale; les roches éruptives post-paléozoïques du nord de la Chine; quelques observations sur les Terres Jaunes (lœss) de Chine et de Mongolie; observations géologiques en Somalie française et au Harrar; le cañon de l'Aouache et le volcan Fantalé; observations sur les roches métamorphiques du plateau Somali près de Harrar; the Geology of the Weichang area; observations sur les changements du niveau marin dans la région d'Obock; les cycles sédimentaires (pliocènes et plus récents) dans la Chine du Nord; chronologie des alluvions pléistocènes de Java; the Pleistocene of China, stratigraphy and correlations...)*

Que ressort-il donc de cette œuvre scientifique considérable et qui n'est pourtant qu'une partie de la production et de la pensée de Pierre Teilhard de Chardin. C'est une œuvre de sciences du Passé d'abord, paléontologie, géologie, préhistoire. Nous l'avons vu.

Je dirais ensuite que c'est une œuvre de terrain. Teilhard court le monde, le marteau de géologue à la main, se précipite dès qu'apparaît un affleurement révélant la structure profonde de la terre et n'a peur ni des kilomètres, ni des climats, ni des hommes. Atteint d'un infarctus du myocarde en 1947, il écrit dans une note datée de juillet « dans la matinée... du 1er juin, crise de cœur... Puis phase d'hôpital... Et un tournant dans ma vie. Renoncement forcé à la grande vie on the field. Aujourd'hui, à cette heure même, je devrais être en avion pour Johannesburg... ». Il n'est pas besoin de commenter combien le terrain lui tenait à cœur.

C'est ensuite une œuvre de synthèse, à tous les niveaux. Chaque découverte fortuite, chaque analyse d'un phénomène, d'un fossile, d'un objet préhistorique est prétexte à la rédaction d'un travail d'ensemble sur le problème soulevé. Et puis, à un autre niveau, Pierre Teilhard de Chardin relie évidemment parfaitement ses travaux sur la géologie à ceux sur le contenu des couches étudiées, les fossiles et les pierres taillées; et à un tout autre niveau encore, une des originalités de la pensée de Teilhard n'est-elle pas d'envisager l'Homme, la Vie dans leur environnement terrestre et cosmique et de rattacher ainsi des phénomènes qui apparaissaient par trop isolés comme participant de l'évolution générale de l'Univers?

C'est une œuvre internationale encore, on pourrait dire mondiale; je ne parle pas de l'œuvre elle-même qui ne réfléchit que dans l'universel mais de son traitement, de la manière dont elle a été exécutée; Pierre Teilhard de Chardin a travaillé en Europe, en Asie, en Afrique, en Amérique; il a vécu vingt ans ou presque en Chine et abondamment collaboré avec C.C. Young, Pei Wen-Chung, Yang Kieh, H.C. Chang; il a vécu aux États-Unis, associé de recherches de la Wenner Gren Foundation for Anthropological Research et co-signé des travaux avec Hallam Movius, T.T. Paterson, George Barbour, Davidson Black, etc.

Enfin, je retiendrai un autre aspect de l'œuvre de Pierre Teilhard de Chardin qui n'est pas habituel et qui n'est pourtant pas des moindres, il s'agit de l'œuvre scientifique poétique.

« Il y a de cela quelques milliers de millions d'années, écrit-il à propos de l'origine de la Terre, un lambeau de matière formé d'atomes particulièrement stables se détachait de la surface du Soleil. Et, sans couper les liens qui le rattachaient au reste des choses, juste à la bonne distance de l'Astre père pour en sentir le rayonnement avec une intensité moyenne, ce lambeau s'agglomérait, s'enroulait sur soi, prenait figure... Toute fraîche et chargée de pouvoirs naissants, regardons se balancer, dans les profondeurs du Passé, la Terre juvénile. »

Enfin, sur l'origine de l'Homme : « Quand pour la première fois, dans un vivant, l'instinct s'est aperçu au miroir de lui-même, c'est le monde tout entier qui a fait un pas. L'homme est entré sans bruit. »

Les cent facettes d'André Leroi-Gourhan

Deux ouvrages d'André Leroi-Gourhan, *Le Fil du temps* et *Mécanique vivante*, totalisant plus de 600 pages d'anatomie comparée, de paléontologie, de palethnologie, d'ethnologie et de préhistoire, liées par la démarche d'une même pensée tout au long de trente-cinq années de recherche et de réflexion, viennent de paraître.

Trente-deux articles publiés de 1935 à 1970 et groupés ici en cinq thèmes, constituent *Le Fil du temps*, bilan impressionnant d'une activité de terrain et de laboratoire d'un homme exceptionnel qui, selon sa propre expression, fait une pause pour « se regarder passer ». Des grands mythes de l'Asie des abords de l'ère chrétienne à ceux que semble représenter l'art de l'Europe d'il y a vingt millénaires, de la reconstitution de la cabane en défenses de mammouth vieille de trente-trois mille ans à celle du carquois en vannerie fait il y a cinq mille ans, les textes se succèdent, clairs et élégants, riches et rigoureux, sans que jamais le langage rebute.

La première partie évoque les recherches de l'auteur en Extrême-Orient et en Eurasie septentrionale; on s'y promène avec curiosité autour des bronzes Tchéou et de leurs motifs de félins et d'oiseaux, au cœur des couleurs et des décors du kimono et de leurs variations selon les âges de la vie, à travers les symboles de l'art d'Eurasie et de la Méditerranée, des tissus finlandais aux armes d'Angleterre, des emblèmes de Toutankhamon aux adorants d'Assyrie. Puis sont exposées avec une incroyable maîtrise les méthodes d'obtention des aciers, aciérage et corroyage, à travers tous les temps et dans tous les pays; enfin, quelques considérations critiques sur le peuplement de l'Amérique et sur les étonnantes figurations de mammouth dans l'art eskimo achèvent de faire de ces premières pages un très agréable dépaysement.

La deuxième partie comprend plusieurs essais de définition de l'ethnologie et de l'évolution de son concept; le passé étant impossible à disjoindre du présent, ethnologie, anthropologie et préhistoire (que l'on devrait appeler palethnologie) ne sont, pour l'auteur, que les facettes d'une même étude, celle de l'Homme. Suit alors une définition de cet Homme, démarqué du reste du monde vivant par le redressement du corps, le développement du pouce, la réduction de la face, l'envahissement de l'espace cérébral, la phonicité consciente et la mémoire socialisée. Cette définition s'étend fatalement à celle de la technologie, dont les caractéristiques nous sont présentées pour finir.

Avec la troisième partie, on aborde de plain-pied le travail de terrain, la fouille, ses exigences et ses fascinantes déductions. Il faut dire qu'André Leroi-Gourhan est sans conteste le meilleur fouilleur du monde. La méthodologie occupe dans ces textes une place importante, illustrée, par trois exemples très différents, la fouille d'une grotte naturelle – résidence, Arcy-sur-Cure (Yonne), celle d'une cavité artificielle – caveau, Le Mesnil-sur-Oger (Marne) et celle d'un habitat de plein air, Pincevent (Seine-et-Marne), dont on voit vivre les occupants. Il y est répété sans cesse ce que tout fouilleur devrait ne jamais oublier : la mise au jour patiente d'une surface ancienne est l'établissement d'un « texte », et la lecture de ce texte ne peut être faite qu'une fois puisqu'elle détruit au fur et à mesure sa propre matière.

La quatrième partie est consacrée à l'art paléolithique, qu'André Leroi-Gourhan a tant étudié. Ici encore l'exposé des méthodes précède les exemples d'application et les essais de synthèses. Partant de l'idée que la grotte n'était peut-être pas un support neutre et que l'association de certains sujets pouvait avoir un sens, André Leroi-Gourhan a entrepris l'immense tâche de répertorier de l'Atlantique à l'Oural toutes les peintures, toutes les gravures des grottes et des objets datés de 30 000 à 10 000 ans et d'en noter toutes les caractéristiques; ce travail gigantesque a débouché sur des règles révélatrices d'un système religieux cohérent que la statistique seule pouvait révéler. « L'exécution du sujet a répondu à un schéma bien déterminé... la représentation est de caractère binaire centrée sur le caractère à la fois d'opposition, d'alternance et de complémentarité des valeurs mâles et femelles. »

Une cinquième partie termine ce très séduisant recueil. Elle reprend sous forme d'articles de synthèse la définition des disciplines anthropologiques et ethnologiques et la perception de celles-ci, l'histoire d'abord très lente puis étonnamment accélérée des hommes fossiles et de leurs techniques et la structure des mythogrammes du paléolithique supérieur, « cadre... sur lequel pouvait s'établir dans le détail une infinité de symboles moraux et de pratiques opératoires ».

Ce gros livre, parfois mystérieux, souvent merveilleux, a quelque chose d'universel.

Le second ouvrage, *Mécanique vivante*, est une brillante démonstration du rôle fondamental que jouent les simples lois de la mécanique dans l'évolution morphologique du crâne, cette boîte osseuse suspendue à l'extrémité de la colonne vertébrale, soumise à la nécessité de supporter les efforts de traction de la mandibule et d'absorber les appuis en pression de la denture. Des poissons à l'homme, en passant par les batraciens, les reptiles, les oiseaux, les mammifères, les primates et les hommes fossiles, mais aussi par les enfants et les hommes adultes à la denture dégradée ou au masque osseux altéré, André Leroi-Gourhan établit systématiquement les tracés de suspension, d'appui et de traction d'une soixantaine de crânes en étroite relation avec la locomotion des porteurs.

Toute cette géométrie du crâne pourrait paraître quelque peu rebutante à celui qui feuilletterait ce livre avant de le lire; mais s'il se laisse prendre par les premières lignes il sera inévitablement entraîné sans effort jusqu'à la dernière, fasciné par la logique d'enchaînement de l'histoire et la simplicité d'explication des formes.

Le crâne des poissons ne pose que des problèmes de traction, puisqu'il échappe à ceux de suspension; avec les batraciens, par contre, apparaît la première locomotion hors de l'eau, entraînant un remaniement de l'édifice crânien, qui doit conquérir une certaine indépendance. Cette libération de la tête par rapport aux épaules est tout à fait acquise avec les reptiles bipèdes, et à plus forte raison avec les oiseaux; les membres postérieurs prennent alors une fonction locomotrice prépondérante tandis que les membres antérieurs régressent ou se transforment en ailes. Quant aux reptiles quadrupèdes, ils suivent une autre voie et mettent petit à petit en place les conditions mécaniques qui seront celles des mammifères; chez eux, la tête, complètement dégagée de l'avant-train, n'a plus d'autre point fixe que l'extrémité de la colonne vertébrale. Les mammifères apparaissent, à leur tour, divisés en herbivores (quadrupèdes marcheurs), carnivores (quadrupèdes préhenseurs), primates aux tendances plus ou moins avancées vers la station dressée et hominiens fossiles et actuels.

Le constat d'absence du rôle si souvent considéré comme déterminant du cerveau dans cette longue histoire de l'évolution des vertébrés est sans doute la thèse la plus inattendue qui se dégage de cette étude magistrale; l'organisation des extrémités, l'aménagement du dispositif vertébral, l'évolution dentaire, autrement dit la locomotion, la station, la denture et ce qu'elles entraînent, suffisent parfaitement à tout expliquer; tout semble se passer comme si le développement cérébral avait été passif, et en aucune façon et à aucun moment la cause du phénomène évolutif.

C'est une bien belle leçon de paléontologie, d'anatomie fonctionnelle et comparée, de biomécanique et de mécanique générale, racontée comme une règle de jeu de construction, dans un enchaînement d'une logique sans faille et d'une clarté jamais prise en défaut.

André Leroi-Gourhan

Né le 25 août 1911 à Paris, André Leroi-Gourhan est mort à Paris le 19 février 1986; il avait 74 ans.

Docteur ès Lettres, docteur ès Sciences, il avait emprunté l'itinéraire CNRS – Université – chargé puis maître de Recherche de 1940 à 1945, professeur d'ethnologie et de préhistoire à la faculté des Lettres de Lyon de 1945 à 1955 puis professeur d'ethnologie générale et de préhistoire à la faculté des Lettres et Sciences humaines de Paris de 1956 à 1968 – avant d'être appelé en 1969 par le Collège de France à occuper la Chaire de préhistoire, héritière vingt ans après de celle de l'abbé Breuil, Chaire qu'il animera jusqu'à sa retraite en 1982.

L'œuvre d'André Leroi-Gourhan est immense; elle l'est par le nombre des travaux qu'il laisse, par la dimension du spectre des sujets qu'il aborde, par l'importance de la réflexion qu'il y développe et qui a influencé l'ensemble de la communauté des préhistoriens du monde et la pratique de leur discipline.

Le spectre des intérêts et des activités d'André Leroi-Gourhan est en effet particulièrement large : « Mes premières passions, écrit-il, étaient très éclectiques, elles le sont d'ailleurs restées. » Mais cette générosité n'en est pas pour autant une dispersion et je reprendrai ici une des formules élégantes qu'André Leroi-Gourhan avait lui-même utilisée pour définir le sens de son œuvre « Chercher à poser les bornes lointaines de l'humanité dans le temps et dans l'espace, chercher à voir l'Homme dans sa totalité ».

La première facette que j'ai retenue pour cet éloge sera chronologique; c'est la période orientale d'André Leroi-Gourhan. Dès les premières pages de sa leçon inaugurale au Collège de France, il évoque sa dette vis-à-vis des enseignements de chinois de Paul Pelliot et de russe d'André Mazon, montrant à quel point cette partie de sa formation lui tient à cœur.

Diplômé de l'École nationale des Langues orientales vivantes de russe en 1931 et de chinois en 1933, il va en effet accepter, de 1936 à 1939, une longue mission d'archéologie et d'ethnologie en Extrême-Orient et notamment au Japon; il en rapportera, entre autres travaux, sa thèse de doctorat ès Lettres sur l'Archéologie du Pacifique Nord et les Documents pour l'art comparé d'Eurasie septentrionale. Mais bien au-delà de ces écrits, l'influence de ce qu'il appelle « son escapade philosophique » va se manifester tout au long de sa vie; il enrichira sans cesse ses travaux des résultats des recherches publiées dans ces langues et il les fera, à plusieurs reprises, connaître à ses collègues français; mais il en tirera aussi un profit d'une tout autre nature dans sa réflexion si importante sur l'origine du langage.

La seconde période que je distinguerai sera précisément celle des grands ouvrages théoriques : *Évolution et Techniques, l'Homme et la Matière*, en 1943, *Évolution et Techniques, Milieu et Techniques*, en 1945, *Le Geste et la Parole, Technique et Langage*, en 1964, *Le Geste et la Parole, La Mémoire et les Rythmes*, en 1965. Dans cette fresque particulièrement brillante, André Leroi-Gourhan parvient, au travers de classifications et de données souvent très sèches, à lier l'Homme au traitement qu'il réalise de la matière, à l'action qu'il exerce sur le milieu, à la communication qu'il développe, aux formes qu'il crée; « le dessin, pour moi, c'est la main qui parle », écrit-il quelque part. Ces textes fondamentaux demeureront longtemps des références pour quiconque étudie l'Homme.

Mais l'œuvre d'André Leroi-Gourhan est aussi très interdisciplinaire. C'est peut-être sa double formation en Sciences humaines et en Sciences naturelles qui en est, en partie, responsable. Sans jamais négliger ni l'établissement du cadre chronologique ni la reconstitution de l'environnement paléogéographique, paléoclimatique, faunique et floristique de l'Homme fossile étudié, sans jamais se priver de l'éclairage que peut apporter une comparaison de nature ethnologique à un des aspects de la culture de ce même Homme fossile, André Leroi-Gourhan s'est en effet attaché à mettre au point une méthode qui lui permet de pratiquer une véritable palethnologie. Il ne s'agit plus de plaquer un mode de vie contemporain d'où qu'il vienne sur une époque préhistorique, sous prétexte de quelque ressemblance technologique ou artistique, mais de s'efforcer d'animer l'époque en question en la traitant par définition comme un ensemble unique et incomparable.

André Leroi-Gourhan va, pour cela, inventer ou presque la pratique de la fouille par décapage; au lieu d'accéder aux documents verticalement, il va y parvenir en découvrant le sol ancien sur lequel les documents reposent et ceci va évidemment lui permettre d'analyser la répartition des documents en question et les rapports qu'ils ont entre eux en plus des documents eux-mêmes et de tenter d'interpréter ces données en termes de vie quotidienne de l'Homme préhistorique, de son comportement technique et même intellectuel, de son organisation sociale et même économique.

La fouille de Leroi-Gourhan est topographique au lieu de n'être que stratigraphique.

« Pour prendre l'exemple de Pincevent, écrit-il dans un article intitulé « reconstituer la vie », les sondages montrent que le village a couvert au moins un hectare... le quart à peine a été exploré : il comportait une vingtaine de foyers importants, ce qui porte à près d'une centaine les structures d'habitations qui ont pu exister sur la seule surface conservée du site...

« L'examen du stade d'éruption et d'usure dentaire des rennes abattus à la chasse, fournit une date dont la précision est suffisante... pour fixer, à quelques semaines près, le moment et éventuellement la durée de séjour. Les jeunes rennes de printemps et d'été sont relativement rares, sauf dans une des habitations, et l'on trouve le plus souvent des rennes plus âgés... dont les sommets de fréquence sont sur la fin de l'été et le début de l'hiver. Il en ressort... que les habitants de Pincevent étaient sur les lieux au moins deux fois dans l'année. »

Rappelons ici ses grands chantiers les plus célèbres, la grotte des Furtins, en Saône-et-Loire, un habitat moustérien, les grottes d'Arcy-sur-Cure dans l'Yonne, habitats s'étageant du paléolithique ancien au paléolithique supérieur, le site de Pincevent, en Seine-et-Marne, campement de chasseurs magdaléniens, l'hypogée du Mesnil-sur-Oger, dans la Marne, grotte sépulcrale de la transition du néolithique à l'Age du bronze, etc.

Une autre grande orientation des recherches d'André Leroi-Gourhan a été sa quête d'informations auprès des documents d'art pariétal. Traitant, de manière inattendue, la surface peinte ou gravée d'une grotte comme une de ces surfaces d'habitations dont nous venons de parler, André Leroi-Gourhan s'efforce d'y mettre en évidence d'éventuelles règles pouvant exister dans la distribution et dans l'association des sujets traités. Il entreprend pour cela le travail gigantesque de répertorier, de l'Atlantique à l'Oural, les milliers de figures de quelque 70 grottes ornées entre 10 000 et 30 000 ans avant notre ère et démontre ce qui l'avait précisément incité à entreprendre cette analyse : les peintures et les gravures des cavernes du paléolithique supérieur sont organisées d'une manière bien précise, dans l'espace du sanctuaire qu'est la grotte et dans les rapports qu'elles ont entre elles.

Il nous laissera, sur ce sujet, outre le petit ouvrage de 1964 des Presses Universitaires *Les religions de la Préhistoire*, et de très nombreux articles, le monumental *Préhistoire de l'Art occidental* et ses 800 figures, paru chez Mazenod en 1965.

Je ne saurais mieux évoquer pour terminer les extraordinaires qualités d'esprit d'André Leroi-Gourhan que, me semble-t-il, par cette réponse qu'il fit à Claude-Henri Rocquet qui l'interrogeait sur la première idée du premier Homme : « Oh!, dit-il, j'aimerais penser que sa première invention, sa première condition de survie, ce fut l'humour. S'il n'en avait pas eu, c'eût été la misérable créature que l'on imagine trop facilement. »

Camille Arambourg et Louis Leakey

Camille Arambourg (1885-1969) et Louis Leakey (1903-1972) ont dominé pendant un demi-siècle la paléontologie et la préhistoire africaines; ils se sont éteints à trois ans d'écart, laissant d'un coup la génération qu'ils avaient formée prendre les rênes dont ils ne s'étaient jusqu'à leur mort jamais complètement départis.

J'ai réuni ici leurs biographies. Je dois dire que j'ai éprouvé beaucoup de plaisir à écrire ces pages; en évoquant ces deux « monuments », j'avais un peu l'impression de vivre encore quelque temps auprès d'eux. Que cette modeste compilation leur soit à tous deux un hommage.

Camille Arambourg (1885-1969)

Camille Arambourg est né à Paris en février 1885; il est mort à Paris en novembre 1969. Il avait 84 ans, presque 85.

C'est à Paris qu'il fit ses études secondaires, puis ses études supérieures; nommé professeur de géologie à l'Institut national agronomique de 1930 à 1936, puis professeur au Muséum national d'Histoire naturelle de 1936 à 1956, c'est à Paris qu'il passa les quarante dernières années de sa vie.

Mais Camille Arambourg avait une seconde patrie, l'Afrique du Nord. Il avait quelques mois lorsque ses parents l'emmenèrent en Algérie pour la première fois, et c'est dans les vignobles de son père, dans l'Oranais, qu'il fit ses premières armes d'ingénieur agronome; il enseignera encore dix ans la géologie à l'Institut agricole d'Alger avant de se fixer à Paris en 1930, fixation d'ailleurs relative car il n'y eut guère d'années qui ne le virent effectuer deux ou trois voyages en Tunisie, en Algérie ou au Maroc.

S'appuyant sur le fait que le continent africain est l'un des plus anciens centres de consolidation de l'écorce terrestre, une de ces vieilles plates-formes émergées depuis la fin de l'époque primaire où, depuis 300 millions d'années donc, la vie continentale a pu se développer dans des conditions de continuité exceptionnelle, il considérait ce continent comme un lieu privilégié d'évolution et de dispersion des espèces. Ceci fit que la très grande partie de son activité scientifique s'y exerça. Je serais d'ailleurs tenté de penser que des raisons affectives s'ajoutaient volontiers aux raisons rationnelles.

Lorsque l'on parcourt les 231 titres de son œuvre scientifique, c'est en effet l'Afrique qui occupe, de très loin, le premier plan puisqu'elle fait l'objet de plus de 150 de ses travaux et qu'elle est largement présente dans une cinquantaine d'autres; en tout premier lieu l'Afrique du Nord qui représente, à elle seule, 108 ouvrages et articles dont les grands thèmes ont été les Poissons du Sahélien d'Oran, les Poissons et les Reptiles du Crétacé et de l'Éocène des Phosphates du Maroc, les Mammifères du Miocène d'Algérie, les Vertébrés du Villafranchien du Constantinois et de Tunisie, du Pléistocène moyen de Ternifine et du Pléistocène supérieur des grottes du littoral algérien; en second lieu, l'Afrique orientale puisque 27 travaux s'y rapportent; ils concernent les deux grandes expéditions de l'Omo en Éthiopie que Camille Arambourg conduisit en 1932-1933 puis en 1967-1969, des recherches géologiques et paléontologiques menées au

Kenya lors de l'expédition de 1932 et plusieurs voyages en Tanzanie.

Toute son œuvre découle de ces grands centres d'intérêt, de ces deux grandes provinces africaines que sont le Maghreb et l'Afrique orientale.

L'étude des Poissons du Sahélien d'Oran l'a en effet conduit à revoir les Poissons de Licata en Sicile, à étudier ceux de Llorca et de Columbares en Espagne et à tenter des esquisses générales de la faune ichthyologique de la Méditerranée au Miocène; l'étude des Poissons et des Reptiles des Phosphates du Maroc l'a normalement amené à s'intéresser aux Vertébrés fossiles des Phosphates d'Algérie, de Tunisie et de Jordanie et puis aux Poissons Crétacé du Djebel Tselfat, à ceux des bassins du Gabon et du Niger, aux Poissons Oligocène de Perse qu'il alla d'ailleurs récolter lui-même; il s'ensuivit quelques tableaux de synthèse de la faune mésogéenne et paléoméditerranéenne. Enfin son intérêt consécutif pour les Poissons en général est à l'origine de notes sur des genres, des familles, des collections : les Clupéidés, les Ganopristinés, les Scopélidés, les Cœlacanthes, les Squales, le genre *Clupavus*, les Poissons du Lias du Gard, ceux de l'Yonne, une nouvelle espèce des côtes occidentales de l'Afrique, etc.

L'étude des Mammifères du Tertiaire et du Quaternaire du Nord et de l'Est de l'Afrique l'a amené à s'intéresser de même à des récoltes de Vertébrés du Tertiaire du Mali, du Quaternaire du Tibesti, d'Angola, du Niger, d'Égypte et à effectuer lui-même des reconnaissances au Sahara et en Libye. L'étude de Vertébrés du Pliocène du Roussillon, du Quaternaire de Fontéchevade et du Plio-Quaternaire d'Annam a été ses seuls pas hors d'Afrique. Toutes ces analyses lui permirent d'établir des hypothèses sur l'évolution d'un certain nombre de groupes et de familles d'Ongulés comme les Proboscidiens, les Hippopotamidés, les Suidés, les Giraffidés, les Équidés, les Rhinocérotidés, les Ursidés, les Ruminants, etc.

Ces nombreux travaux sur les Mammifères l'ont, bien sûr, naturellement conduit à traiter du groupe des Hominidés auquel il a consacré 72 publications; les Australopithèques que nous découvrîmes ensemble en Éthiopie, les industries de galets aménagés qu'il reconnut avec L. Balout dans le Constantinois, les Pithécanthropes qu'il mit au jour avec R. Hoffstetter à Ternifine et qu'il appela Atlanthropes, les Néandertaliens du Djebel Irhoud que lui offrit E. Ennouchi, les Hommes fossiles du Paléolithique supérieur qu'il récolta dans les grottes d'Afalou-bou-Rhummel et des Beni-Segoual le firent se pencher sur les problèmes d'origine et d'évolution de l'Homme; il se fit, peu à peu, à travers ces documents de première main et de premier plan, une idée de plus en plus précise de l'évolution humaine, idée qu'il a exposée dans plusieurs articles généraux et dans un petit ouvrage : *La genèse de l'humanité,* paru dans la collection Que sais-je? des Presses Universitaires de France et qui a eu un tel succès que l'année de sa mort, en 1969, Camille Arambourg en publiait une 8ᵉ édition, vingt-sept ans après l'édition originale, traduite en portugais, en japonais, en hollandais.

Camille Arambourg était un homme de terrain. « J'ai consacré à la recherche sur le terrain une grande partie de mon activité », écrit-il, « j'ai en effet toujours pensé qu'il y avait pour un paléontologiste le plus grand intérêt à effectuer lui-même la récolte... » C'était aussi un naturaliste dans le plein sens du terme : c'est à travers la nature d'aujourd'hui qu'il voulait appréhender la nature passée : « Les fossiles sont des vestiges d'êtres qui ont vécu et c'est en tant qu'êtres vivants qu'ils doivent être considérés », écrit-il encore, « il n'y a pas deux zoologies ni deux biologies et il ne saurait y avoir deux méthodes. » Et ceci le faisait se moquer de certains de ses collègues, « philatélistes », qui classaient les fossiles comme des timbres-poste.

Sans négliger pour autant l'aspect systématique de la classification paléontologique, il abordait l'étude des groupes animaux dans une perspective dynamique, évolutive. Ses conclusions à cet égard étaient influencées par l'œuvre de Lamarck; il considérait l'action du milieu sur les êtres vivants comme extrêmement importante, en transposant l'idée de réaction morphologique au niveau cytochimique.

Il constatait évidemment la direction constante des phénomènes évolutifs vers des formes plus complexes et mieux adaptées, ce qu'il appelait « l'orthogenèse générale du monde vivant », mais il constatait aussi la manière irrégulière et discontinue dont procédait ce phénomène; il l'expliquait par l'interaction d'événements géologiques et de réactions biologiques : « ...aux grands paroxysmes géodynamiques de l'histoire terrestre correspondent de brusques déséquilibres biologiques dont les réajustements sont l'origine de types organiques nouveaux ». Il allait d'ailleurs appliquer, de façon sans doute un peu trop dogmatique, ces idées à l'interprétation de l'évolution humaine; elle se fait, selon lui, en escalier, par « quanta successifs » : à chaque marche correspond un type morphologique et un type d'industrie préhistorique; ces stades sont au nombre de quatre : le stade Australopithèque, le stade Pithécanthrope, le stade Néandertal et le stade *Homo sapiens*.

Outre cette remarquable ampleur de vues associée à une non moins étonnante clarté de pensée, l'enthousiasme de Camille Arambourg pour la recherche paléontologique, par sa force et sa permanence prodigieuse, mérite une mention très spéciale. Je ne peux résister au désir de raconter trois anecdotes qui vont permettre de le démontrer sans peine.

Sa passion pour les Sciences de la Nature était très ancienne puisque, dès le lycée, ses camarades de « maths » et de « philo » l'appelaient « l'homme fossile »; son choix définitif des sciences paléontologiques s'attache d'ailleurs à des circonstances bien particulières qu'il aimait raconter; on peut dire que sa carrière commence par une histoire. Quand, en 1909, Arambourg, jeune ingénieur agronome de 23 ans, va en effet rejoindre les vignobles familiaux de la région d'Oran, son père lui demande d'étudier les possibilités d'une meilleure irrigation de ses cultures, ce qu'il fit; mais cette recherche hydrogéologique le conduisit à recueillir, dans les marnes et les tripolis d'un étage du Miocène, le Sahélien, les restes de très nombreuses espèces de Poissons fossiles : cette récolte va faire naître chez lui une véritable passion pour la paléontologie. Il ne restera qu'à peine six ans agriculteur et lorsqu'il rentrera de la guerre en 1920, ce sera en qualité de professeur de géologie à l'Institut agricole d'Alger. Il pourra alors non seulement poursuivre ses récoltes mais les étudier dans les laboratoires algérois et au laboratoire de paléontologie du Muséum d'Histoire naturelle de Paris où il se rendait plusieurs mois chaque année; en 1927, un Mémoire de 295 pages, 48 figures et 46 planches, intitulé *Les Poissons fossiles d'Oran*, allait faire connaître les résultats de ces vingt années de patientes collectes et d'études comparatives, commencées par hasard en cherchant de l'eau pour les vignes paternelles.

La seconde histoire s'est passée pendant la Grande Guerre; mobilisé à Oran le 2 août 1914, comme lieutenant du 3e Régiment de Zouaves, il fut envoyé, l'année suivante, aux Dardanelles, à la tête d'une Compagnie du 2e Régiment de Marche d'Afrique; il y reçut le commandement de la 1re Compagnie de mitrailleuses du même régiment et c'est à sa tête qu'il participa à toutes les opérations de Serbie et de Macédoine, opérations qui lui permirent d'ailleurs d'effectuer de nombreux relevés géologiques. A la fin de 1915, l'Armée d'Orient, à laquelle il appartient, se replie et s'établit sur une chaîne de collines à 30 kilomètres au Nord de Salonique; à peine installé, le lieutenant Arambourg y découvrit un remarquable gisement de Vertébrés pontiens qu'il passera l'hiver 1915-1916 à fouiller avec toute sa Compagnie. Entreposés à Salonique, les matériaux paléontologiques ainsi recueillis furent transportés en Algérie, à la fin de la guerre, sur un bâtiment de la Marine nationale; ils font aujourd'hui partie des collections du Muséum de Paris. Camille Arambourg rapporta ainsi de ses campagnes d'Orient un très beau travail de 80 pages publié en collaboration avec J. Piveteau sur les Vertébrés du Pontien de Salonique et une feuille de la carte géologique de Grèce au 1/50 000, Guevgueli dans la vallée du Vardar.

La troisième histoire est plus récente puisqu'elle débute pendant l'hiver 1947-1948; Camille Arambourg fait alors au Sahara une mission de prospection paléontologique. Il se déplace de poste en poste à l'aide d'un de ces petits avions que tous les chercheurs de ce continent connaissent bien. Cet avion se pose sur une piste de fortune d'une des étapes prévues du périple. Il fait très chaud. Comme la voiture du poste n'est pas arrivée au terrain, Arambourg et le pilote se mettent à l'ombre d'une aile en attendant qu'on vienne les chercher. Mais la chaleur est telle qu'un des pneus de l'avion éclate, celui du côté où se trouvaient les deux hommes : l'avion s'incline légèrement, suffisamment pour que l'aile vienne s'appuyer sur la tête d'Arambourg, le plus grand des deux. Et l'histoire s'arrêterait là si, en rentrant à Paris Arambourg n'avait continué à souffrir de la tête et du cou. Il se rend donc chez un médecin qui lui prend un cliché radiographique de cette région : et ce cliché révèle à Arambourg que ses vertèbres cervicales avaient très précisément la configuration de celles des néandertaliens, morphologie sur laquelle Marcellin Boule, professeur de paléontologie au Muséum, prédécesseur d'Arambourg, s'était basé, entre autres arguments, pour démontrer le port voûté, incomplètement dressé, de ces Hommes fossiles ! C'est un caractère « simien », disait-il, qui place la tête en porte à faux ! Après avoir recherché cette disposition chez d'autres hommes contemporains et après avoir soigneusement étudié les autres arguments avancés par Marcellin Boule pour étayer son interprétation, Arambourg en fit l'objet d'une brillante communication à l'Académie des Sciences en 1955.

Qu'il me soit permis d'ajouter une note personnelle sur l'homme qu'était Camille Arambourg. Très chaleureux, très courtois, très modeste, doué d'une grande puissance de travail associée à une grande énergie, la retraite n'avait été pour lui qu'une date administrative, et les riverains du Jardin des Plantes et des ruelles du Ve arrondissement gardent certainement encore le souvenir de sa silhouette, bien droite, se rendant, à pied, de son domicile, rue Lagarde, au Muséum. Il avait travaillé tout le mois de juillet 1969 sur les chantiers difficiles et chauds de la basse vallée de l'Omo; il avait participé, à la fin du mois d'août, aux travaux de l'INQUA réuni à Paris; j'avais mis sur pied avec lui le programme de recherches de la campagne 1970 de l'équipe française de la mission internationale de l'Omo, dans son bureau, au Muséum, un samedi après-midi de novembre; Camille Arambourg est mort le mercredi suivant.

Louis Seymour Bazett Leakey (1903-1972)

L.S.B. Leakey, le plus connu des paléontologistes, est mort à Londres, d'une crise cardiaque, le 1er octobre 1972.

Né à Kebete, près de Nairobi, en août 1903, de parents missionnaires, Louis Leakey passa pratiquement toute son existence en Afrique orientale; profondément attaché aux immenses étendues de ce pays, à ce que les Anglais d'Afrique appellent les « MMBA » (« miles and miles of bloody Africa »), il aimait à dire que sa langue maternelle était le kikuyu!

A 13 ans, il était en effet membre du groupe d'âge de cette tribu, nommé Mukanda; à 26 ans, appelé à siéger dans une commission devant statuer sur l'appartenance des terres, il reçut le surnom de Wakaruigi, « le fils de l'épervier ». Aussi, bien qu'Anglais d'origine, prit-il, dès l'indépendance du Kenya, en 1964, la nationalité kényenne.

Il lui fallut tout de même se rendre en Angleterre pour ses études, ce qu'il fit à partir de 1919, au Weymouth College de Londres d'abord, puis au St John's College de Cambridge; mais même pendant cette période, il parvint à retourner en Afrique orientale pendant une année (1924); il participa alors à une expédition paléontologique de recherche de Dinosaures à Tendaguru en Tanzanie. Revenu à Cambridge, il obtint en 1925 le diplôme de première partie de ses études supérieures; il avait choisi l'option « langues modernes » et comme langues, le français et le kikuyu! En 1926, il décrocha le diplôme de seconde partie, consacré cette fois à l'anthropologie et à l'archéologie. Enfin, après ses deux premières expéditions archéologiques en Afrique orientale, c'est à Cambridge qu'il reçut en 1930 son doctorat (Ph. D.).

Mais sa naissance et son attachement pour l'Afrique orientale ont retenu la quasi-totalité de son activité « créatrice » et les rares pas hors de son territoire n'ont été qu'une très brève incursion dans la préhistoire de l'Angola en 1949, un travail sur le mésolithique anglais en 1951 et le soutien qu'il apporta à la recherche de l'Homme fossile en Israël à partir de 1963 et en Californie à partir de 1968 (auxquels on peut ajouter les quelques articles qu'il publia sur l'Homme de Broken Hill, le Ramapithèque indien ou les découvertes de Fontéchevade). Mais ce ne sont là qu'une douzaine d'articles sur 170 et 20 livres, publiés sans interruption depuis 1925.

Dans ses travaux, le cadre naturel et humain de sa vie, le Kenya et les Kényens, constitue une solide toile de fond patiemment et vigoureusement tissée, impossible à dissocier de l'œuvre scientifique; ses premiers livres sont en effet *The Stone Age Cultures of Kenya Colony* (1931), *Adam's ancestors* (1934), *The Stone Age Races of Kenya* (1935) ou *Stone Age Africa : an outline of prehistory in Africa* (1936). Mais il publie entre-temps *White African* (1937) et *Kenya : Contrasts and Problems* (1937); puis ce sont *Olduvai Gorge* (1951), *The Progress and Evolution of Man in Africa* (1961), *Olduvai Gorge : 1951-1961* (1965), *Unveiling Man's origins* (1969), *Adam or ape* (1970) et, en même temps, *Mau Mau and the Kikuyu* (1952), *Animals in Africa* (1953), *Defeating Mau Mau* (1954), *First lessons in Kikuyu* (1959) et Mary Leakey, sa femme, vient d'éditer trois volumineux ouvrages qu'il avait préparés sur les coutumes des Kikuyus.

Ses articles révèlent, parallèlement à l'activité scientifique, le même intérêt constant pour le pays et les hommes, curiosité ethnologique mais aussi souci politique de participation à l'évolution contemporaine : *A new classification of the bow and arrow in Africa* (1926), *Some notes on the Masai of Kenya Colony* (1930), *Some aspects of Black and White in Kenya* (1931), *The Kikuyu problem of the initiation of girls* (1931), *The religious element in Mau Mau* (1954), *Kenya : the causes of Mau Mau* (1954), *What should be done in Kenya* (1954), *The economics of Kikuyu tribal life* (1956).

Dès 1929, Louis Leakey siège au gouvernement du Kenya, à la commission sur les problèmes de concessions des terres aux Kikuyus; il avait 26 ans. De 1937 à 1939, il écrit pour la fondation Rhodes un rapport d'un millier de pages sur les coutumes de cette tribu; c'est ce rapport qui fait l'objet des 3 volumes publiés, à titre posthume, par Mary Leakey. Les années de guerre d'abord, puis les troubles de 1951 que déclencha le mouvement Mau Mau et l'état d'urgence de près de neuf années qui en résulta, vont l'entraîner à jouer un rôle discret mais de premier plan dans les relations entre le gouvernement britannique et la Colonie mutante, relations qui aboutiront à la reconnaissance des droits du Kenya à l'autonomie en 1961, à l'application d'une nouvelle constitution en 1962, aux élections de mai 1963 et à la proclamation de l'indépendance, le fameux Uhuru, le 12 décembre 1963.

Mais l'essentiel de l'œuvre de Louis Leakey est évidemment son œuvre scientifique, œuvre monumentale relative aux sciences intimement liées que sont la préhistoire, la paléontologie animale, la paléontologie humaine et la géologie du Quaternaire. Sa carrière, c'est un demi-siècle de recherches jalonné de fossiles célèbres qui se nomment : *Homo kanamensis, Proconsul africanus, Proconsul nyanzae, Proconsul major, Zinjanthropus boisei, Homo habilis, Kenyapithecus wickeri, Kenyapithecus africanus.*

En géologie, on lui doit la consolidation de l'intéressante échelle paléoclimatique pléistocène des pluviaux et interpluviaux, basée sur les terrasses des lacs de la Rift Valley et mise en corrélation avec les industries préhistoriques, échelle établie en Ouganda par Wayland. En préhistoire ses travaux sont considérables : des hypothétiques cailloux utilisés de fort Ternan au Kenya datés de 14 millions d'années et des industries de galets aménagés d'Olduvai, appelées pour cela oldowayennes et datées de 2 millions d'années, aux poteries de Kawirondo au Kenya ou aux ruines d'Engaruka en Tanzanie, en passant par l'Acheuléen d'Olduvai et d'Olorgesailie, les industries du paléolithique moyen et supérieur, les peintures rupestres et le néolithique.

L'étude des restes fossiles recueillis avec les industries lithiques ne lui a pas échappé non plus et Louis Leakey ne s'est pas contenté d'établir des déterminations préliminaires pour en tirer des listes de faunes : bien que cette partie de son œuvre ne soit pas la plus importante, il a tout de même publié des monographies consacrées aux Suidae, aux Bovidae, et quelques travaux relatifs aux Chalicothères, aux Giraffidés, aux insectes miocènes du Kenya et aux Dinosaures de Tanzanie.

La partie capitale de son œuvre concerne évidemment la paléoprimatologie et la paléoanthropologie; Louis Leakey est l'un des inventeurs de *Limnopithecus macinnesi, Proconsul africanus, Proconsul nyanzae* et *Proconsul major* du miocène du Kenya (Rusinga, Songhor, Koru), enracinement africain profond du groupe des Pongidés, qu'il a fait connaître en collaboration avec le grand anatomiste anglais W.E. Le Gros Clark en 1951 dans un mémoire fondamental de la revue *Fossil Mammals of Africa, The Miocene Hominoidea of East Africa,* revue que, d'ailleurs, il fonda.

Louis Leakey est l'inventeur de *Kenyapithecus africanus* (Rusinga, Songhor, Maboko) et de *Kenyapithecus wickeri* (Fort Ternan) du Miocène du Kenya, Pongidés pour certains, Hominidés pour d'autres et, dans ce cas, ancêtres possibles d'*Australopithecus.* C'est *Kenyapithecus wickeri* que Louis Leakey disait associé à des cailloux aux tranchants naturels utilisés et à des ossements d'animaux artificiellement brisés : un Hominidé de 14 millions d'années, utilisateur d'outils!

Louis Leakey est l'inventeur de l'Australopithèque *Zinjanthropus boisei* du Pléistocène ancien (1 800 000 ans) de Tanzanie (Olduvai), de la plus ancienne espèce du genre *Homo* (appelée *Homo habilis* par P.V. Tobias, J. Napier et lui-même) des mêmes niveaux (artisan des galets aménagés oldowayens et auteur des premières structures d'habitations) et d'un certain nombre de documents rapportables au Pithécanthrope, *Homo erectus,* de niveaux supérieurs de Tanzanie et du Kenya (Olduvai et Kanam). Il est encore l'inventeur du crâne pléistocène moyen de Kanjera qu'il considéra comme celui d'un *Homo sapiens.*

Leakey était un défricheur. Il n'y a certes pas deux catégories de paléontologistes, ceux qui collectent et ceux qui analysent, mais il est facile de comprendre que l'Homme de terrain ne peut trouver tout le temps dont dispose l'Homme de laboratoire si bien que, même s'il s'efforce d'être les deux, le paléontologiste se classe plus volontiers dans l'une ou l'autre de ces deux tendances, d'ailleurs complémentaires. Leakey était de la première, pionnier, aventurier de la Science. Ce caractère joint à sa surprenante activité et à son extraordinaire ténacité font qu'il nous laisse une masse considérable de documents.

Dans cette recherche, non seulement son apport direct, comme nous venons de le voir, a été considérable, mais son influence l'a décuplé. L'intérêt de ses découvertes mais aussi la manière dont il les fit connaître, son enthousiasme contagieux lié à son ascendant incontestable, ont fait que le musée de Nairobi dont il a été conservateur vingt et un ans et puis le Centre de préhistoire et de paléontologie qu'il fonda en 1962, sont devenus les institutions de loin les plus importantes de tout le continent africain pour ces disciplines, institutions dont le rayonnement international est devenu considérable; il fonda en outre dès 1947 les Congrès panafricains de préhistoire et d'études du quaternaire qui se sont réunis huit fois depuis, la dernière fois à Nairobi en 1977, revenant après trente ans à leur point de départ.

La grande aventure paléontologique est-africaine sans précédent que constituent les 10 missions internationales installées depuis quinze ans sur 2 000 kilomètres de Rift Valley, de la plaine de Serengeti à la mer Rouge, à travers la Tanzanie, le Kenya et l'Éthiopie et qui vient de renouveler le style de cette recherche tandis qu'elle repoussait l'origine de la préhistoire et celle de l'Homme au-delà de 3 millions d'années, cette grande aventure n'aurait pas eu lieu sans le rayonnement, les encouragements et la personnalité de Louis Leakey. La mise sur pied de longues missions d'études éthologiques des Primates qui ont conduit aux révélations des travaux de Jane Goodall sur les Chimpanzés, de Diane Fosey sur les Gorilles et de Birute Galdikas Brindamour sur les Orangs-Outans est aussi une de ses initiatives, de même que la fondation du Centre de primatologie de Tigoni qu'il se donna tant de peine pour financer et maintenir.

C'est cet énorme déploiement d'activités et l'ampleur consécutive de son influence qui incitèrent quelques-uns de ses amis américains, sous l'impulsion d'Allen O'Brien, à mettre sur pied le 28 mars 1968 la « L.S.B. Leakey Foundation for Research Related to Man's Origin » destinée à soulager Louis Leakey du temps passé à la recherche de crédits.

Louis Leakey avait surtout une formation d'archéologue et d'anthropologue, dans le sens anglo-saxon de ces termes, mais l'orientation de ses recherches devait inévitablement faire de lui un paléontologiste et un paléoanthropologue; il s'y montra admirateur inconditionnel de Darwin. Sur le plan de la systématique, ce fut un multiplicateur incorrigible d'espèces, de genres et de familles : 11 genres et 28 espèces de cochons dans son travail sur l'Omo de 1954, 6 familles différentes de Primates supérieurs dans son travail sur Fort Ternan en 1968! Sur le plan de la phylogénie, il a toujours eu tendance à rechercher très loin dans le temps l'ascendance de l'Homme, ce en quoi il n'a sans doute pas eu tort, mais, au fur et à mesure qu'il pensait découvrir les ascendants réels, il écartait inexorablement les candidats précédents; sa découverte extrêmement perspicace d'*Homo habilis* l'a ainsi entraîné à retirer non seulement les Australopithèques mais aussi les *Homo erectus* (Pithécanthropes) de l'origine d'*Homo sapiens*, ce qui est bien probablement excessif.

Sa capacité d'imagination fut, de toute manière, immense; elle lui fit faire des erreurs certaines, prendre des risques énormes, lancer des hypothèses hâtives mais elle fut aussi source de vision : « celui qui ne fait pas de fautes n'avance pas », disait-il.

La première image qui vient à l'esprit de qui l'a connu, est celle de l'homme de terrain, en salopette, « crinière » au vent, courbé sur la terre d'Afrique qu'il auscultait pied à pied; « j'ai passé plus de temps à genoux que dressé sur mes pattes de derrière », aimait-il à déclarer!

La seconde image est celle de l'homme d'action, à l'emploi du temps minuté, sans cesse sous pression. Je me souviens que, lors d'une conférence à Londres, un collègue hollandais qui passait des diapositives de gisements paléontologiques africains et de leurs inventeurs, en vint à une photographie de Louis Leakey à Rusinga; il présenta le site, nomma Leakey et passa à la photographie suivante puis se ravisa, demanda que l'on revînt en arrière et fit apprécier à son auditoire l'exceptionnalité du document qui montrait Leakey assis!

Quand il inaugura en 1959 ses voyages aux États-Unis, il se mit à parcourir ce pays d'Université en Université, mettant sur pied d'exténuantes tournées de conférences qui devinrent pratiquement annuelles; en 1959, par exemple, il parvint à donner ainsi 66 conférences en trois mois!

Quand en 1970, en route vers les États-Unis, il est arrêté à Londres par une crise cardiaque qui le bloque six mois, il va trouver le moyen de fonder une Société pour la prévention de la cruauté envers les animaux, de s'occuper des activités de l'église de Scientologie, de mener une campagne de protection des forêts de Grande-Bretagne et de tourner une série de films 16 mm pour la fondation L.S.B. Leakey!

Et cependant, s'il avait la visite d'un « scientiste », comme il disait, croyait-il, en « français », il savait être extrêmement disponible et donner alors tout le temps qu'il fallait pour recevoir et présenter ses plus récentes découvertes.

La troisième image qui me vient à l'esprit est celle de l'ami, chaleureux, généreux, hospitalier; je n'ai jamais connu sa propriété de Langata près de Nairobi sans hôtes, je n'ai jamais connu son camp d'Olduvai en Tanzanie sans invités. Cette générosité il la reportait également sur les animaux; on peut dire qu'il était naturaliste d'esprit et de cœur. Il avait, dès 1933, travaillé dans une commission d'enquête chargée de mettre sur pied un statut de réserves d'animaux; mais ce n'est qu'en 1945, après la guerre, que purent être fondés les parcs nationaux du Kenya. Louis Leakey participa bien entendu à cette fondation et fut un de leurs premiers conseillers d'administration. Sa vie était d'ailleurs toujours peuplée d'animaux variés et il arrivait de rencontrer chez lui, à son domicile ou dans ses camps, des quantités d'animaux amis, parfois les plus inattendus, des civettes, des girafes, des gazelles, des chouettes, des hyrax, des singes, des gnous, etc. Membre du Langata Poney Club, il fonda en outre le Dalmatian Club de Nairobi en 1949, fut président de l'East African Kennel

Club en 1961 et obtint à Londres en 1967 un 1er prix pour son élevage de poissons à queue en delta.

La dernière image que je retiendrai est celle de l'homme public. En Europe, c'est avec réticence que le monde scientifique se confie aux médias. Leakey avait pris l'information à bras-le-corps et il a réussi, de cette manière, le miracle d'intéresser le monde entier à la paléontologie. Il avait, bien sûr, l'art de rendre sensationnelle chacune de ses découvertes; chaque déclaration, qu'elle fût destinée aux savants d'un Congrès ou aux journalistes d'une conférence de presse, prenait l'allure d'une bombe! Cette attitude lui a été d'autant plus reprochée qu'il s'amusait, il faut bien le dire, à rendre ses révélations les plus anticonformistes possible. Le résultat a été extrêmement bénéfique : catalyseur, il a donné à la paléontologie en général et à la paléontologie humaine en Afrique en particulier, une impulsion que seul du recul pourra faire mesurer; populaire, il a beaucoup aidé à faire connaître l'intérêt et la portée des recherches paléontologiques, ce qui a eu pour conséquence de faciliter, même en France, l'affectation de crédits à cette discipline.

Mais « Leakey », au-delà de la personne de Louis, c'est aussi Mary, sa femme, dont les travaux de préhistoire sont éminents, et qui dirige seule les chantiers d'Olduvai depuis une dizaine d'années, chantiers qu'elle vient d'étendre avec succès aux gisements de Laetoli [1]; c'est encore Richard, son fils, qui a entamé à l'Est Turkana une nouvelle ère de découvertes éclatantes et qui, à 23 ans, était directeur des Musées du Kenya; il vient de fonder, pour succéder au Centre de préhistoire et de paléontologie de son père, un énorme Institut sans précédent en Afrique, le Louis Leakey Memorial Institute for African Prehistory. Ce sont également ses fils, Jonathan, fondateur du parc de serpents de Nairobi, actuellement éleveur de serpents sur les bords du lac Baringo, et Philippe successivement botaniste et minéralogiste, et qui ont largement participé à la grande aventure de leurs parents; c'est encore Colin, fils d'un premier mariage, qui fait

---

1. Écrit en 1979.

des recherches de sciences naturelles en Ouganda; et puis la pléiade des chercheurs de tous âges et de toutes origines qui se pressait dans son sillage.

« Leakey reçoit plus de visites que Kenyatta », me disait un ami kényen.

Louis Leakey est mort à Londres; il s'apprêtait à s'envoler une nouvelle fois pour les États-Unis où il avait envisagé pour le seul mois d'octobre, 10 jours de recherches dans le gisement californien de Calico, 3 à 4 jours de conférences à Seattle, 3 à 4 jours de conférences à San Francisco, quelques jours à Chicago, quelques jours à New York, quelques jours à Minneapolis, quelques jours à Los Angeles, un programme de films, de télévision, d'enregistrements, la conférence Redman de l'Université McMaster d'Ontario, etc. Louis Leakey est mort de travail.

Arambourg et Leakey

Arambourg et Leakey, Leakey et Arambourg, deux hommes bien différents et pourtant deux géants qu'ont animés la même foi en l'Afrique, la même passion pour leur métier, le même courage sur le terrain.

Nés tous deux de parents servant sur le continent africain, ils ont eu tous les deux une longue et brillante carrière alimentée et sans cesse renouvelée chez l'un comme chez l'autre, par des campagnes de fouilles sur ce continent.

Arambourg était plus serein, Leakey plus fougueux; Arambourg était parfois surpris, un peu bousculé par la singulière énergie et l'audace provocante de son ami Leakey; Leakey était respectueux et admiratif des connaissances et de la sûreté de jugement d'Arambourg qu'il consultait volontiers et taquinait souvent.

Amis véritables, mais toujours plus ou moins discrètement en compétition, il était passionnant de les voir, par conviction certaine mais non sans une teinte de chauvinisme, incarner ni plus ni moins, l'un en face de l'autre, Arambourg, Lamarck et Leakey, Darwin!

Leurs formations étaient un peu différentes et cela se ressentait dans leur œuvre et se constatait dans leur approche des problèmes; Arambourg était plus géologue et biologiste, Leakey plus anthropologue et préhistorien. Arambourg avait reçu l'éducation scientifique française traditionnelle; Leakey avait aussi reçu la forte trempe des collèges de Cambridge, mais cette marque était venue tard et pour peu de temps se surajouter au solide bain d'une éducation de missionnaires pionniers et d'entourage kikuyu au contact étroit de la nature tropicale. Aussi n'y avait-il pas chez Leakey la réserve et la modestie qui caractérisaient Arambourg. Ces éducations différentes, liées à leurs caractères différents, donnaient plus de rigueur à Arambourg, plus de témérité à Leakey.

La comparaison est évidemment difficile, mais si je l'ai tentée c'est parce que ces deux hommes ont laissé chacun, quelles qu'aient été leurs différences, une œuvre monumentale de nature identique et de volume comparable.

Permettez à qui a eu le privilège de les connaître bien, ensemble et séparément, de rendre non sans émotion un hommage commun très déférent à leur enthousiasme et à leur foi, à leur courage et à leur ténacité, à leur chaleur et à leur générosité. Ils étaient tous deux de très grands patrons, de très fidèles amis, d'admirables exemples; après avoir tous deux pleinement rempli leurs vies, ils sont tous deux morts à la tâche.

Richard Leakey

Richard Leakey est un ami de plus de quinze ans [1], compagnon de brousse avant d'être devenu collègue. Il m'est donc bien agréable d'évoquer, à la première page de ce livre qu'il a signé avec Roger Lewin, en même temps que quelques traits de sa personnalité, le monde et la matière qui nous lient.

A quinze ou vingt, en quinze ou vingt ans, nous venons de

---

1. Écrit en 1979.

vivre, en effet, une période tout à fait privilégiée d'essor de nos sciences : nous avons recueilli plus de fossiles humains que tous les chercheurs de la Terre pendant le siècle qui a précédé, vieilli l'homme de plus d'un million d'années, la préhistoire des deux tiers de sa durée, et fait plonger notre origine, au travers des australopithèques et des ramapithèques [1], jusqu'au cœur du miocène, et peut-être même au-delà; c'est par dizaines de millions d'années que l'on compte aujourd'hui l'ancienneté de la famille des Hominidés à laquelle nous appartenons. Réunis une, deux, parfois trois fois par an aux quatre coins du monde, nous sommes inévitablement liés par une grande amitié par-delà les compétitions et la course au fossile humain le plus ancien.

C'est au nom de cette amitié que je me permets quelques lignes sur le premier auteur, Richard Leakey : Richard fait figure d'enfant terrible dans cette famille des paléoanthropologues; c'est le plus jeune et le plus turbulent d'entre nous et c'est en même temps le plus populaire. Né au Kenya d'un père célèbre, né lui-même au Kenya, Richard n'a pas eu cette réserve vis-à-vis des médias qu'inculque l'éducation scientifique occidentale et il est devenu en dix ans l'étendard de la recherche du premier homme. C'est un rôle qu'il remplit avec charme et assurance, mais c'est aussi un rôle qu'il mérite : directeur des Musées du Kenya, fondateur d'un Institut international, responsable d'une forte expédition aux découvertes spectaculaires, Richard, doué d'un incroyable ascendant sur son entourage, est à la fois un bâtisseur d'empire et un catalyseur sans précédent.

A part quelques rencontres au Kenya et en Grande-Bretagne à l'occasion de conférences ou de congrès, je ne connais Roger Lewin, le second auteur, que de réputation; mais la qualité de ce livre et celle de *New Scientist* qu'il édite, suffisent à le placer parmi les meilleurs écrivains scientifiques de son époque.

La recherche des origines de l'Homme a souvent changé de continent; débutant en Europe parce que les chercheurs étaient

---

1. Écrit en 1979; on ne considère plus aujourd'hui les Ramapithèques comme ayant pu avoir été les ascendants des Australopithèques et des Hommes.

européens, elle a ensuite migré en Asie, puis, plus récemment, en Afrique. C'est ce dernier continent qui est ici mis en valeur. Parmi les travaux africains, ceux d'Afrique orientale doivent en effet énormément au nom de Leakey, illustré, avant Richard, par Louis Leakey, son père, et Mary Leakey, sa mère. Puisque la version de ce livre est française, signalons aussi l'importance de notre participation à ces travaux est-africains; après quelques initiatives ou collaborations isolées, elle s'est en effet mise en place il y a une douzaine d'années et développée au point de constituer aujourd'hui une des plus fortes équipes nationales de la communauté scientifique au travail dans cette partie du monde. Mais il faut s'empresser de dire que la collaboration s'est placée, depuis longtemps, bien au-dessus de tout chauvinisme et que cet aspect national n'est jamais envisagé en tant que tel.

Devant le développement des recherches sur l'origine de l'homme et la multiplication prodigieuse des résultats, les livres traitant de ces problèmes et relatant les plus récentes découvertes se sont multipliés, tout particulièrement d'ailleurs dans le monde anglo-saxon. On trouve dans chacun nécessairement le même exposé historique des idées, les mêmes descriptions des sites et des pièces, le même classement chronologique des fossiles; des primates aux premiers hommes, de la cueillette et de la chasse à l'agriculture, il n'y a pas deux manières de raconter l'histoire même lorsque, dans le détail, la façon dont se construit l'arbre phylétique varie quelque peu. Ce livre-ci ne fait pas exception à cette règle, mais il m'a paru apporter une ampleur de perspectives ainsi qu'un effort de prospectives probablement jamais atteints dans les autres ouvrages traitant du même sujet, ce qui lui donne une portée philosophique tout à fait intéressante. Cet aspect singulier est sans doute, en grande partie, dû à la manière naturaliste dont sont traitées les sciences humaines; les très nombreuses références faites au comportement des primates, les multiples exemples pris dans le mode de vie de populations humaines contemporaines ont permis aux auteurs une approche éthologique et ethnologique comparée extrêmement féconde dans l'interprétation des faits passés révélés par les fouilles. Il est dû sans doute aussi à la préoccupation sans cesse présente de lier, dans une même pensée, le passé, le présent et l'avenir. Les conclusions sont sévères sans être pessimistes; elles sont le reflet sans concessions d'un raisonnement scientifique.

Force est aujourd'hui de constater l'intérêt démesuré que porte l'homme contemporain, en particulier celui du monde industriel, à son passé. Inquiet du développement parfois accéléré de sa propre technologie, l'Humanité cherche probablement à se rassurer en essayant d'apercevoir son avenir dans ce que lui apprennent l'histoire et la préhistoire. Un livre tel que celui-ci est une pierre de plus, et pas des moindres, à cette construction scientifique et philosophique qui s'efforce de mettre l'homme en face de son identité biologique et culturelle, avec tout ce que cela comporte de mise en garde mais aussi de réconfort.

Henri-Victor Vallois

(...) Pendant plus d'un demi-siècle, Henri-Victor Vallois a dominé de sa haute stature l'anthropologie française en même temps qu'il marquait, par la qualité, l'originalité et l'ampleur de son œuvre, l'anthropologie mondiale; professeur au Muséum national d'Histoire naturelle et directeur du Musée de l'Homme, directeur de l'Institut de paléontologie humaine, directeur du Laboratoire d'anthropologie de l'École pratique des Hautes Études, rédacteur en chef de la revue *L'Anthropologie*, secrétaire général de la Société d'anthropologie de Paris, il était en même temps Président de la Commission pour l'Homme fossile de l'Union paléontologique internationale, membre fondateur et membre du Conseil permanent des Congrès internationaux d'anthropologie et d'ethnologie, secrétaire puis Président du Comité international de standardisation de la technique anthropologique, membre du Comité international pour l'anthropologie des parties molles.

Mais sa fonction principale fut, à partir de 1941, son professorat au Muséum national d'Histoire naturelle et sa direction du laboratoire correspondant qui s'appelait alors le « Laboratoire d'ethnologie des Hommes actuels et des Hommes fossiles » et se confondait avec le Musée de l'Homme.

Henri-Victor Vallois fut donc, de 1941 à 1961, le quinzième titulaire de cette Chaire qui avait été, en fait, à l'origine, une charge de Démonstration d'anatomie et de chirurgie au jardin du Roi, aujourd'hui Jardin des Plantes, créée par édit de Louis XIII en juin 1635. Ses quatorze prédécesseurs y avaient été Marin Cureau de la Chambre, François Cureau de la Chambre et Guichard du Verney puis Hunauld, Winslow, Ferrein, Antoine Petit et Portal titulaires d'une Chaire d'anatomie, Portal à nouveau et Flourens titulaires d'une Chaire d'anatomie humaine, Serres dans une nouvelle Chaire appelée d'anatomie et d'histoire naturelle de l'Homme, de Quatrefages, Hamy, Verneau et Rivet dans une Chaire encore débaptisée et appelée cette fois d'anthropologie. C'est Paul Rivet, dernier titulaire de cette première Chaire d'anthropologie, qui eut, en 1937, l'initiative de transporter son laboratoire du Jardin des Plantes au Palais de Chaillot, d'y regrouper les collections d'anthropologie physique et de préhistoire du Jardin des Plantes et les collections d'ethnographie de l'ancien palais du Trocadéro. La Chaire devint alors « d'ethnologie des Hommes actuels et des Hommes fossiles » et c'est de cette Chaire qu'héritera Henri-Victor Vallois en 1941, puis son successeur, Jacques Millot, en 1961. La création en 1962 d'une Chaire de préhistoire puis celle, en 1972, d'une Chaire d'ethnologie font qu'à l'heure actuelle le Musée de l'Homme a trois têtes; le Dr Gessain, d'abord directeur du Musée de l'Homme, devint directeur du Laboratoire d'anthropologie alors que le Doyen Balout était nommé à la direction du Laboratoire de préhistoire et Jean Guiart à celle du Laboratoire d'ethnologie; depuis 1980, Henry de Lumley a succédé à L. Balout et moi-même à R. Gessain. Je me trouve donc partager, avec Jean Guiart et Henry de Lumley, la succession du professeur Henri-Victor Vallois, tout en bénéficiant du laboratoire qu'il estimait être plus particulièrement le sien puisque c'est sous notre intitulé qu'il a toujours souhaité voir figurer son nom et ses travaux dans les divers annuaires et manifestations du Muséum depuis 1962 [1].

Les vingt années d'Henri-Victor Vallois au Musée de l'Homme ont été marquées par un effort considérable d'enrichissement des collections; c'est lui qui a réalisé la mise en dépôt au laboratoire, alors département d'anthropologie, de la si importante et si prestigieuse collection Broca; c'est aussi grâce à lui que sont entrés dans nos collections les célèbres fossiles de Fontéchevade, de l'abri Pataud, de Montmaurin. C'est Henri-Victor Vallois qui a réuni à Paris en 1960 le VIᵉ Congrès de l'Union internationale des Sciences anthropologiques et ethnologiques et qui a, par cette action et beaucoup d'autres, largement participé, après Paul Rivet, au développement de la réputation et du rayonnement du Musée de l'Homme.

De formation médicale puis plus largement naturaliste, son itinéraire de chercheur est passé successivement par l'anatomie et la morphologie humaines, l'anatomie comparée des Vertébrés, la primatologie, l'anthropologie et la paléoanthropologie. Mais quelle qu'ait été la largeur de cet éventail, il semble que l'on puisse dire qu'Henri-Victor Vallois soit resté très profondément toute sa vie ce qu'il fut à l'origine, un anatomiste.

En dehors de l'envergure extraordinaire de l'homme de responsabilité que je tentais de faire entrevoir au début de cet hommage, j'ai toujours été frappé par la qualité de jugement de l'approche anatomique de ses recherches; cinq ou six décennies après leur publication, beaucoup de travaux d'Henri-Victor Vallois demeurent essentiels, certaines conclusions sont encore en cours, d'autres enfin ont été tout à fait prophétiques.

Je puiserai dans la paléoanthropologie, plus proche de mes préoccupations, quelques exemples pour appuyer ces dires.

Les travaux d'Henri-Victor Vallois sur les Hommes du Mésolithique ou de l'Épipaléolithique : *Recherches sur les ossements mésolithiques de Mugem* (1930); *Les ossements natufiens d'Erq-el-Ahmar, Palestine* (1936); *Téviec, station nécropole mésolithique*

---

1. Écrit en 1982.

du Morbihan, en coll. avec Marthe et St-Just Péquart et Marcellin Boule (1937); *La population du Portugal à l'époque mésolithique* (1941); *Les ossements humains de Koerhuisbeek, près de Deventer, Hollande* (1943); *Le gisement mésolithique de Cuzoul de Gramat,* en collaboration avec R. Lacam et A. Niederlender (1944); *Le squelette mésolithique du Cheix, Puy-de-Dôme* (1970); *Nouvelles recherches sur le Mésolithique de Bretagne : les restes humains d'Hœdic (Morbihan)* (1974); *Les mésolithiques de France* (1977)... – demeurent, par exemple, des mémoires de base dont la connaissance est indispensable à toute étude d'anthropologie concernant cette période. Il y est démontré de manière irréfutable que ces populations ne sont, ni plus ni moins, que les descendants des Hommes du paléolithique supérieur qui annoncent certaines populations du néolithique et non pas des envahisseurs africains, noirs ou pygmées, comme on le disait.

Les remarquables essais sur l'origine unique ou multiple de l'Homme – *Y a-t-il plusieurs souches humaines?* (1927); *Les preuves anatomiques de l'origine monophylétique de l'Homme* (1929); *Monophyletism and Polyphyletism in Man* (1952)... – ont abouti à la démonstration paléontologique, anatomique et même paléogéographique de l'origine monophylétique du genre humain.

L'étude exemplaire de l'Homme de Chancelade a permis par ailleurs de conclure dans *Nouvelles recherches sur l'Homme fossile de Chancelade* (1938); *Nouvelles recherches sur le squelette de Chancelade* (1946), au fait que ce fossile s'inscrivait sans difficultés dans ce que l'on savait des populations du Magdalénien de l'Ouest de l'Europe et qu'il n'y avait en lui aucun trait asiatique ou eskimo particulier comme il avait été soutenu.

Enfin, j'ai été particulièrement impressionné de relire ce qu'Henri-Victor Vallois avait écrit dès 1946 sur le berceau de l'Humanité dans la revue *Scientia* et confirmé dans ses titres et travaux de 1953 : « J'ai montré, disait-il, que les faits géologiques et paléontologiques sont d'accord pour localiser celui-ci (le berceau de l'Humanité) sur la périphérie de l'Océan Indien, en Afrique orientale ou en Asie méridionale... ». Que l'on songe qu'en 1953, et à plus forte raison en 1946, on ne connaissait en Afrique orientale qu'un squelette d'*Homo sapiens* daté de 17 000 ans et découvert à Olduvai en Tanzanie, des restes crâniens d'une trentaine de milliers d'années découverts sur les bords du lac Eyasi en Tanzanie, une mandibule humaine découverte par l'abbé Breuil près de Diré Daoua en Éthiopie et qui pouvait avoir une cinquantaine de milliers d'années, la mandibule au statut et à l'âge tant débattus et toujours incertains de Kanam au Kenya, les restes squelettiques voisins, d'âge non moins douteux, de Kanjera, deux fragments de pariétaux mis au jour en 1935 dans le Pléistocène moyen d'Olduvai par Mary Leakey et le premier fragment de maxillaire découvert à Laetoli en 1939 par une expédition allemande.

En dehors de ce dernier fragment que l'on sait aujourd'hui être celui d'un Australopithèque mais qui, à l'époque, n'avait pas été reconnu comme tel et en dehors des pariétaux d'Olduvai attribuables aujourd'hui à *Homo erectus,* aucun de ces restes ne dépassait 50 000 ans.

Il était par la suite particulièrement audacieux et étonnamment prémonitoire de parler de berceau non seulement africain mais est-africain de l'Humanité vingt à trente ans avant que la Tanzanie, le Kenya et l'Éthiopie ne livrent les centaines de restes d'Hominidés que l'on sait et dont les plus anciens remontent à plus de 6 millions d'années.

Henri-Victor Vallois avait peut-être eu cette intuition parce qu'il se passionnait pour les problèmes d'origine et d'évolution de l'Homme. Non content d'étudier un grand nombre de fossiles originaux comme la célèbre mandibule de Montmaurin, la mandibule de Diré Daoua dont on vient de parler, la mandibule de Rabat, la mandibule de Témara, les Hommes de Fontéchevade, l'Homme de Chancelade, le crâne VI de Qafzeh, l'Homme d'Asselar, les Hommes de Mechta el Arbi et d'Afalou Bou Rhummel, les restes humains aurignaciens de la grotte des Rois en Charente, les restes protomagdaléniens de l'abri Pataud et magdaléniens du Mas d'Azil, de Saint-Germain-la-Rivière, de Rochereil, etc., il avait tenté d'en percevoir la signification pour comprendre l'histoire des divers peuplements des continents où on les avait récoltés et d'aller même bien au-delà chercher à expliquer la manière dont avait procédé l'évolution de l'Homme. L'étude des pièces d'Éthiopie et du Maroc lui avait fait conclure à la présence de Néandertaliens ou de Prénéandertaliens archaïques en Afrique; celle des Mechtoïdes, à une migration de sortes de Cromagnoïdes venus du Proche-Orient dont on retrouverait les derniers descendants aux Canaries, hommes auxquels succèdent en Afrique du Nord des Méditerranéens qui persistent encore aujourd'hui. Les caractères négritiques atténués de l'Homme d'Asselar lui avaient permis d'entrevoir la répartition des populations noires au néolithique en même temps qu'ils lui donnaient une brillante confirmation du peu d'ancienneté géologique de ces types noirs actuels. Les recherches sur l'Homme de Chancelade lui avaient fait écarter de la littérature ces idées fantaisistes qui faisaient croire à la présence de Jaunes en Europe. Quant à l'étude des très anciens restes de Fontéchevade, elle allait servir de base à Henri-Victor Vallois pour bâtir sa théorie des Présapiens, Hommes fossiles à la fois plus anciens que les Néandertaliens et plus éloignés d'eux morphologiquement qu'ils ne le sont de nous : il en concluait à l'existence de deux lignées humaines parallèles durant une grande partie du Quaternaire de l'Europe. Même si la notion de Néandertalien n'est plus utilisée actuellement dans un sens qui permette d'englober l'Homme de Rabat ou celui de Diré Daoua et même si la notion de Présapiens a été abandonnée au profit d'une acception beaucoup plus large de celle de *sapiens*, englobant au contraire non seulement les Hommes de Fontéchevade mais même tous les Néandertaliens, la grande maîtrise des descriptions anatomiques et la rigueur des déductions font des travaux d'Henri-Victor Vallois les points d'appui obligés pour toutes les nouvelles interprétations.

D'un point de vue plus général, Henri-Victor Vallois a brillamment montré la complexité de l'évolution des Hommes, beaucoup plus ramifiée qu'on ne l'avait envisagée, expliquant ainsi la contemporanéité de plusieurs types dont certains s'éteignent alors que d'autres poursuivent leurs routes : « Beaucoup des Hommes fossiles que nous découvrons n'ont donc, sans doute, jamais été nos ancêtres », écrivait-il. Il a aussi démontré que les vitesses d'évolution des divers caractères n'étaient pas obligatoirement les mêmes; c'est ce qu'il appelait « les discordances de l'Hominisation ». L'évolution ne procède pas, en effet, par transformation globale de l'ensemble des caractères à chacun des stades morphologiques successifs qu'elle aborde.

De très nombreux et très solides travaux d'anatomie sur le squelette et la musculature du membre inférieur, sur l'articulation du genou, sur le redressement du tronc et même sur la région de la ceinture scapulaire sont évidemment en relation intime avec les problèmes de locomotion et de bipédie des Hominidés.

L'étude sans cesse enrichie de la variabilité des Hommes, ce qu'il était alors convenu d'appeler les races humaines, a permis aussi à Henri-Victor Vallois de mieux se rendre compte lui-même des variations individuelles de l'*Homo sapiens* contemporain et d'en fixer éventuellement les limites et d'apprécier du même coup avec d'autant plus de rigueur, la valeur des différences révélées par certaines pièces fossiles.

Enfin n'oublions pas le fameux *Traité sur les Hommes fossiles*, publié en collaboration avec M. Boule en 1946, et le *Catalogue des Hommes fossiles*, publié en collaboration avec H.L. Movius en 1953, et qui ne seront détrônés que trente ans plus tard par le *Traité de Paléontologie* de Jean Piveteau et par la série des *Catalogues* du British Museum.

N'oublions pas non plus les innombrables articles critiques publiés dans la revue *L'Anthropologie* à l'occasion des moindres découvertes paléoanthropologiques faites dans le monde.

J'ai souvent rendu visite au professeur Vallois dans son bureau de direction de l'Institut de paléontologie humaine ou à son domicile dans la maison de Chevreul au Jardin des Plantes. Il me fascinait par son érudition, la vigueur de ses jugements toujours liée à l'humour de ses propos. Très réticent pendant longtemps à reconnaître la nature hominienne des Australopithèques, il était revenu sur ses convictions et avait finalement admis d'ailleurs très volontiers cette appartenance après s'être fait, bien entendu, une opinion personnelle en étudiant les pièces elles-mêmes. Je suis à la fois très fier d'avoir été un peu l'auteur de cette transformation et en même temps admiratif devant une telle souplesse d'esprit, et par là même une telle rigueur scientifique.

Jean-Pierre Lehman

Nous avons été une petite demi-douzaine à vous faire escorte de la rue Saint-Jacques à la rue de Buffon, lorsqu'en 1956 vous avez pris la succession de Camille Arambourg à la direction du Laboratoire de paléontologie du Muséum national d'Histoire naturelle. Et puis, de ce Laboratoire vous avez fait un Institut, et de l'escorte un bataillon qui représente sans doute aujourd'hui la plus forte école de paléontologie du monde. Et c'est d'une partie de cette école que je voudrais être un peu le porte-parole dans cette cérémonie.

Ma carrière a en effet l'âge de votre carrière au Muséum, M. Lehman. Entré au CNRS en octobre 1956 et affecté au Laboratoire de paléontologie de M. Piveteau, à la Sorbonne, j'y rencontrai Daniel Heyler, Laurence Beltan, Denise Sigogneau, Sauveur d'Assignies et quelques autres, tous chercheurs au CNRS partageant le même encadrement : directeur de Recherche, M. Piveteau ; parrain de Recherche, M. Lehman. Et puis votre élection à la Chaire de paléontologie du Muséum entraîna notre migration. Dès la fin de l'année 1956, nous nous retrouvâmes, répartis tout au long du long sous-sol du Laboratoire de paléontologie du Jardin des Plantes, rêvant à d'autres horizons en entendant chanter les gibbons de la ménagerie et en voyant se balancer, de l'autre côté du saut de loup, les plus hautes branches des platanes de l'allée.

J'avais alors la fâcheuse habitude de me rendre au bureau qui m'avait été alloué et qui était le tout dernier de la toute dernière salle, sur un vieux vélo qui avait appartenu, m'avait-on dit, à M. Lavocat ; le fameux vélo était garé au pied des escaliers du sous-sol, du côté de la place Valhubert ; je l'empruntais donc chaque matin, parcourais tout le couloir et me hissais sur les pédales à chaque porte pour saluer, au-dessus des vitres de verre dépoli, mes camarades des salles successives. Jusqu'au jour, où, à la croisée des chemins, j'ai failli vous renverser, M. Lehman; vous veniez de descendre de l'ascenseur, j'arrivais sur ma monture sans freins, et j'ai bien cru l'espace d'une seconde l'accident inévitable et ma carrière terminée. Mais je suis parvenu à vous contourner et j'ai abandonné définitivement mon exercice en m'excusant.

Et le recrutement a commencé; on a vu arriver, en vagues d'assaut successives, des dizaines de chercheurs. Et ce qui m'a toujours étonné, c'est que cet Institut de paléontologie qui a l'air en permanence bondé, reçoive sans cesse ces nouvelles recrues, les accueille, les installe, les retienne, les absorbe, sans problèmes apparents. Il faut dire que cela a été souvent réglé grâce aux tours de force quasi miraculeux de M. Barrat.

Et pendant toutes ces années vous avez développé vos services, bâti, enseigné, promu des éditions, organisé des expositions, mis sur pied des expéditions et vous avez même fait de la recherche.

Vous avez construit, à l'extrémité distale de la grande galerie, ces trois étages de laboratoire et ateliers dont Jean Roger avait préparé les plans, de quoi recevoir plusieurs dizaines de chercheurs et de collaborateurs techniques. Vous avez complètement réorganisé l'exposition permanente de paléontologie en l'allégeant et en l'enrichissant de fossiles et d'informations, vous avez créé une galerie de paléobotanique, et vous avez renouvelé l'intérêt du public en allant le chercher grâce à des expositions temporaires, à la galerie de cryptogamie en 1958, au Parc floral de Vincennes en 1971, à Lyon en 1974. Vous avez enseigné sans compter à la faculté des Sciences, dans les Écoles normales supérieures et au Muséum. Permettez-moi de vous dire d'ailleurs aujourd'hui, très respectueusement bien sûr, combien tous ces morceaux d'Arthrodires et d'Antiarches que vous nous enseigniez, étaient rébarbatifs pour qui s'occupait de Mammifères et de Primates, malgré votre talent pour les disséquer. Vous avez aussi très largement développé la paléontologie bien que vous soyez demeuré, de manière très sage, spécialiste de ces Poissons et Prépoissons dont je parlais à l'instant, vous avez joué un rôle extrêmement important de fédérateur en favorisant le développement de la micropaléontologie, celui de la paléontologie des Invertébrés, celui de la paléobotanique, et, je suis bien placé pour en parler, celui de la paléontologie humaine. M. Piveteau vous a demandé votre collaboration et puis vous a donné la responsabilité de la direction des *Annales de paléontologie*. Et vous avez créé les *Cahiers de paléontologie* pour publier les innombrables matériaux que produisait votre Institut. Vous avez tout fait pour aider la recherche dans vos services mais vous avez aussi favorisé la recherche sur le terrain; tous les continents ont reçu la visite de vos chercheurs et vous avez vous-même monté la plus importante de toutes ces opérations, l'expédition de 1969 au Spitzberg.

Et imperturbablement, au cœur de toutes ces activités et de toutes les tracasseries que peut avoir un patron de laboratoire de plus de cent personnes, vous avez maintenu une production de recherche du plus haut niveau, écrit des livres et des traités, traduit en français des centaines de pages de suédois, d'allemand ou d'anglais.

Mais la personne que je voudrais particulièrement chanter au nom de vos élèves, c'est le patron disponible. D'humeur égale, toujours souriant, toujours calme, optimiste à toute épreuve, vous êtes un exemple et ce n'est pas une forme littéraire pour remplir un discours. En de nombreuses occasions, me trouvant devant des problèmes, parfois difficiles, souvent urgents, je vous avoue m'être posé la question de savoir ce que vous auriez fait à ma place. Et votre image de courtoisie et de conciliation me revenait alors comme un modèle. Une seule et unique fois dont je me souviendrai toujours, vous avez cédé une fraction de seconde à la fatigue; vous arriviez de Mexico, c'était en 1964, je crois. Malgré le long voyage, le vol de nuit, le décalage horaire, vous étiez venu directement de l'aéroport à l'Institut de paléontologie pour lire votre courrier et vous enquérir des nouvelles et, dans l'inconscience de mon état d'attaché de recherche sans responsabilité, j'étais monté de mon entresol dans votre bureau, vous faire part d'un certain nombre de problèmes, d'importance certainement très modeste. Et, à ma grande surprise, pour la toute première fois, vous m'avez dit, en vous excusant : « Pardonnez-moi, mais je suis débordé » et puis après un quart de seconde de réflexion, vous rattrapant très vite, vous avez enchaîné en me déclarant : « Je ne vois pas pourquoi je suis débordé, après tout; dites-moi ce que vous vouliez me dire, je vous écoute! » Et j'ai retrouvé, confiant, le patron qui, depuis huit ans déjà, nous donnait l'impression de tout faire, tout régler, tout traiter sans le moindre problème. Il faut d'ailleurs ajouter que lorsque la question était urgente et que l'un de nous était conduit à vous téléphoner à votre domicile, l'accueil de Mme Lehman était tout aussi aimable, tout aussi courtois, tout aussi rassurant et je suis heureux de saisir cette occasion pour l'associer ici à l'hommage que mes camarades et moi vous rendons. Je ne vois pas pourquoi j'emploie l'imparfait puisque, bien qu'au Musée de l'Homme depuis plus de dix ans, je continue de vous déranger et de déranger Mme Lehman.

Permettez-moi donc ce soir, monsieur Lehman, de saluer en vous le savant, le professeur, mais de saluer aussi au nom de tous ceux que je représente, le patron. Vous avez bâti un empire sans que l'on s'en aperçoive, chacun d'entre nous vous a raconté ses grands et ses petits malheurs chaque fois qu'il l'a voulu et votre travail incessant, lié à votre extraordinaire dévouement, a fait que, dans votre Maison, se sont épanouis en complète liberté les chercheurs et les équipes, les idées et les disciplines; vous avez donné à l'Institut de paléontologie du Muséum un style de laboratoire dont tous vos visiteurs aux quatre coins du monde vantent aujourd'hui l'atmosphère de travail et de sérénité.

Permettez-moi de vous dire combien nous avons été fiers de votre élection à l'Académie des Sciences et combien nous sommes heureux de vous honorer aujourd'hui à notre tour en participant à ce cadeau de l'épée traditionnelle; très respectueusement, très affectueusement aussi, nous vous remercions de tout ce que vous avez fait et nous vous présentons nos plus chaleureuses et nos plus sincères félicitations.

Jacques Millot

(...) Le fauteuil auquel j'ai l'honneur d'accéder est donc celui de la section de « Sciences physiques, naturelles, biologiques et leurs applications » qu'a inauguré, car il était nouveau, et occupé plus de trente ans, le professeur Jacques Millot élu le 5 mars 1948 et intronisé le 21 janvier 1949.

Mais qui était Jacques Millot? Un médecin, un enseignant, un savant, un bâtisseur, un éditeur, un humaniste? Il fut en réalité tout cela à la fois.

Né à Beauvais le 9 juillet 1897, Jacques Millot fit ses études secondaires au lycée Janson de Sailly puis s'inscrivit, après beaucoup d'hésitations car il était attiré par mille choses, à la faculté de Médecine de Paris. Nommé assistant en 1923 dans cette faculté dont il sera lauréat quelques années plus tard, il passa son doctorat ès sciences en 1926 et l'agrégation d'histologie en 1929 : il fut d'ailleurs reçu major à cette agrégation et entra à la faculté des Sciences en 1931 comme maître de conférences; promu professeur sans chaire de biologie générale et de zoologie deux ans plus tard, il sera, pendant douze années, enseignant au PCB et formera ainsi dans l'enthousiasme des milliers de futurs médecins. Et quand, en 1943, il quittera, au désespoir des étudiants, désespoir exprimé paraît-il bruyamment, l'amphithéâtre souterrain de la rue Cuvier pour le Laboratoire d'anatomie comparée de la rue de Buffon, ce sera pour succéder dans cette Chaire du Muséum national d'Histoire naturelle à un médecin, le Dr Raoul Anthony; quand il se portera candidat à la direction du Musée de l'Homme et y sera élu en 1960, ce sera encore à un médecin, le Dr Henri-Victor Vallois, qu'il succédera à la Chaire d'« anthropologie des Hommes actuels et des Hommes fossiles ». Jacques Millot n'a ainsi jamais cessé d'être médecin et une partie importante de son œuvre écrite en porte le témoignage; citons en particulier son ouvrage sur les races humaines publié dès 1936 en collaboration avec P. Lester, ouvrage réédité en 1939 et celui sur la biologie des races humaines paru en 1952 et puis de nombreux articles sur le rachitisme, la glycémie, la tuberculose, le trachome étudiés en particulier chez les Noirs d'Afrique.

Mais Jacques Millot avait été très impressionné pendant son cursus à la Faculté de Médecine par l'enseignement d'histologie d'Auguste Prenant. C'est d'ailleurs en histologie qu'il se présentera à l'Agrégation et c'est en grande partie en histologiste qu'il mènera son œuvre originale de zoologiste, cette œuvre qui se divise essentiellement en deux grands thèmes successifs et bien différents, les Araignées, le Cœlacanthe. Il étudia, en effet, les premières de 1925 à 1950, le second de 1953 à sa mort, l'an dernier.

Spécialiste des Arachnides, il leur consacrera plus de cinquante articles concernant leur classification, leur métamérisation qu'il met en évidence, leur organe du goût qu'il découvre et plusieurs de leurs systèmes glandulaires, glande endocrine, glande à soie, glande à venin, qu'il étudie. Cette recherche d'un quart de siècle fut en quelque sorte couronnée par la rédaction dans le volume VI du *Traité de zoologie* de Pierre-Paul Grassé, de près de 400 pages, écrites en partie en collaboration avec notre confrère le professeur Max Vachon.

Quant à l'histoire du Cœlacanthe, c'est une grande aventure. Ce poisson Crossoptérygien n'était connu que des paléontologistes qui tenaient sa famille pour éteinte depuis le Crétacé. Et puis, à l'ahurissement général, un zoologiste anglais, Smith, en découvrit un beau jour de 1938 un exemplaire en très mauvais état mais de nature indiscutable sur un marché d'Afrique du Sud : un second spécimen, tout aussi mal conservé, vint confirmer l'authenticité du premier et c'est tout ce que l'on en savait lorsque Jacques Millot décida en 1953 d'en organiser la pêche. Il se rendit aux Îles Comores et mit sur pied cette opération de manière exemplaire, de l'information des pêcheurs et de la transformation de leur équipement au traitement conservatoire des poissons et au problème de leur transport. Ce fut un succès. Le premier exemplaire se fit prendre dès septembre 1953 et il fut suivi par des dizaines d'autres. Or ce poisson « archaïque, lourd, gras et gluant », écrit Jacques Millot, est non seulement un merveilleux fossile vivant mais il se trouve être le descendant du cousin de notre ancêtre. Ce sont en effet ses parents les plus proches qui ont réalisé une des plus grandes conquêtes de la vie, la sortie des eaux. Jacques Millot va, dès lors, consacrer la quasi-totalité de son temps à cette recherche, en collaboration très étroite dès 1954 avec le professeur Jean Anthony et à partir de 1975 avec Daniel Robineau et Michel Lemire. La monographie entreprise sera menée à bien et publiée par le CNRS en 3 volumes monumentaux parus en 1958, 1965 et 1978. Citons, parmi les multiples traits étranges de ce fantastique animal, son double appareil respiratoire branchial et pulmonaire, sa corde dorsale fibreuse sans os ni cartilage, son cœur primitif en V, son hypophyse en partie nerveuse en partie pharyngienne, sa ceinture scapulaire libre, son crâne en deux blocs articulés, autant de caractères que l'ontogenèse avait révélés comme ayant pu représenter des stades de la phylogenèse. Le Cœlacanthe devient ainsi une sorte d'image figée d'un stade, et pas des moindres, de l'évolution du monde des vertébrés, celui atteint par la vie il y a quelque 400 millions d'années, la démonstration brillante de l'hypothèse des embryologistes et des évolutionnistes.

Mais en dehors de ces deux grands sujets de recherche, Jacques Millot en a évidemment abordé beaucoup d'autres, la question de la coloration des Poissons, des Batraciens et des Reptiles, par exemple, des problèmes de parasites et de leurs actions sur les hôtes, des questions relatives à la physiologie du foie et à celle du rein, l'étude des phénomènes de cicatrisation et de regénération, et d'importantes enquêtes biogéographiques ayant conduit à expliquer l'origine des faunes de l'hémisphère Sud par des migrations venant du Nord. Il faut rappeler également ses travaux d'anthropologie et de biologie humaine et des recherches d'ordre ethnologique correspondant à des observations faites à Madagascar et à des missions menées au Moyen-Orient (Inde, Iran, Afghanistan, Népal) dans le cadre de sa direction du Musée de l'Homme. Voilà donc une œuvre scientifique féconde et originale, à la fois rigoureuse, minutieuse et efficace, poussée à son terme chaque fois qu'elle s'attachait à un problème.

L'amour que Jacques Millot a en outre voué aux livres et à travers eux à l'histoire des idées, à la littérature et en particulier à l'œuvre de Racine mais aussi à la reliure, à la typographie, on dirait aujourd'hui à la personnalisation des ouvrages, relève bien évidemment, sous l'étiquette de violon d'Ingres, de la même démarche du chercheur dont il ne pouvait se départir.

Mais Jacques Millot fut aussi un de ces grands scientifiques meneurs d'hommes qui ne se contente pas de réaliser sa propre recherche. Il a eu à diriger de grands établissements, le Laboratoire d'anatomie comparée du Muséum national d'Histoire naturelle, le Musée de l'Homme mais aussi l'Institut de recherche scientifique de Madagascar et le Centre océanographique de Nossi Bé qu'il a fondés et construits de toutes pièces. Chacune de ces directions a évidemment représenté la responsabilité d'une équipe et l'on retrouve chaque fois à ses côtés un certain nombre de noms de collaborateurs très proches qui ont su poursuivre l'œuvre du patron, Jean Anthony et les plus jeunes déjà cités, Daniel Robineau et Michel Lemire au Jardin des Plantes, Solange Thierry, Teresa Battesti, Corneille Jest au Musée de l'Homme, Renaud Paulian, Maurice Ménaché, Pierre Fourmanoir à Madagascar.

Il a eu aussi à présider un certain nombre d'instances, la Commission d'anthropologie, ethnologie, préhistoire du CNRS, l'Académie malgache, le Conseil scientifique africain, l'Association scientifique internationale des pays de l'Océan indien, le Comité directeur de l'Institut d'ethnologie et même cette Académie.

Une autre facette extraordinaire de l'activité de Jacques Millot fut son travail d'éditeur. Fondateur des Mémoires de l'Institut scientifique de Madagascar et fondateur du Naturaliste malgache dès 1946, il disait avoir publié, dans ce double cadre, plus d'une centaine de volumes. Fondateur, à son arrivée au Musée de l'Homme en 1960, de la revue *Objets et Mondes* et éditeur pendant ses neuf années de direction des catalogues de ce Musée, il est là encore responsable de la parution de milliers de pages :

Objets et Mondes vient de parvenir à sa 20ᵉ année et les catalogues, bien que sans périodicité fixe, continuent à s'accumuler au gré des révisions et des crédits. Depuis 1945, Jacques Millot dirigeait aussi et en même temps les *Annales des Sciences naturelles*, section zoologie, responsabilité qu'il partageait avec Pierre-Paul Grassé.

Des liens multiples et parfois inattendus, tant personnels que professionnels, m'ont fait, au fil des années, croiser la route de mon illustre prédécesseur.

Le premier fut tissé grâce aux Arachnides. L'année où j'ai préparé à la faculté des Sciences de Rennes le certificat de zoologie générale, le programme portait sur les Chélicérates. Je m'étais procuré le tome VI du traité de Pierre-Paul Grassé et c'est donc en grande partie grâce aux articles de Jacques Millot et à ceux de Max Vachon que j'ai découvert avec émerveillement le monde extraordinaire des Araignées, des Scorpions, des Opilions, des Tiques. J'avais été littéralement fasciné par cette lecture, étonné par la richesse des formes et la diversité des comportements. C'était en 1952.

J'allais devoir le second lien à un tout autre type d'animaux puisqu'il s'agissait cette fois des Proboscidiens. Entré comme stagiaire de recherche au Centre national de la Recherche scientifique en 1956, dans le Laboratoire de paléontologie des Vertébrés et de paléontologie humaine de la Sorbonne dans l'espoir d'y étudier l'homme fossile, le professeur Piveteau m'avait fait comprendre que les restes humains anciens étant très rares et les personnes qui les détenaient très peu disposées à les partager, il était souhaitable que je m'oriente plutôt vers l'étude d'un groupe de Vertébrés à moins de trouver moi-même des restes originaux d'hommes fossiles. Je décidai donc de me consacrer aux Éléphants, avant d'envisager d'entreprendre sur le terrain la recherche de ces hommes fossiles dont l'investigation demeurait mon objectif. Voulant alors mener ces travaux de la manière la mieux documentée possible, je fis savoir, un peu comme une boutade, à la direction du Laboratoire d'anatomie comparée du Muséum, mon désir de disséquer, si cela était possible, tout morceau d'Éléphant qui serait disponible. Or, me trouvant en Bretagne à Pâques 1957 pour quelques jours de congé, quelle ne fut pas ma surprise, à peine arrivé, de recevoir du Muséum ce télégramme signé Millot : « Éléphant mort, venir d'urgence. » J'étais au 55 de la rue Buffon le soir même : le professeur Millot m'y attendait pour me confier les clés de son laboratoire car c'était le Vendredi saint et tout le personnel était déjà parti pour le long week-end de Pâques. « Vous avez beaucoup de chance, me dit-il, Micheline est morte hier et nous avons pensé à vous. » Trois tonnes de viande d'Éléphant d'Asie m'attendaient en effet dans le grand hangar à dissection, derrière le Laboratoire d'anatomie comparée, près du pourrissoir. J'ai étudié, trois mois durant, toute la myologie de Micheline, encouragé par de fréquentes visites des professeurs Millot, Anthony et Bourdelle de l'École vétérinaire, et j'en avais besoin car, malgré l'immersion des 4 pattes, de la tête et du corps dans 6 cuves de 2 000 litres d'eau formolée, l'Éléphante du Zoo de Vincennes s'était rapidement défraîchie. J'allais, à la suite de ce long séjour, entretenir de très fréquents rapports avec le Laboratoire d'anatomie, rapports facilités par le fait que j'avais rejoint, dès sa nomination au Muséum, le professeur Jean-Pierre Lehman à l'Institut de paléontologie du Jardin des Plantes, au numéro 8 de la même rue de Buffon.

Et puis ont commencé mes expéditions africaines; je suis parti pour la première fois au Tchad en janvier 1960 et j'y suis retourné en 1961, 1963-1964, 1965-1966; ayant appris la nomination du professeur Millot à la direction du Musée de l'Homme, je lui ai alors proposé de collecter pour son nouveau laboratoire et c'est ainsi que j'ai offert au département de préhistoire dont était responsable le Dr Harper Kelley, d'importantes séries archéologiques provenant du Kanem, du Borkou, du Tibesti.

Enfin, alors que je commençais mes recherches en Éthiopie, le Dr Gessain qui venait de succéder au professeur Millot à la direction du Musée de l'Homme, me sollicita pour la sous-direction du Musée. Je me présentai donc et fus élu place du Trocadéro au mois de juin 1969. Je me trouvais, pour la première fois, dans la même maison que le professeur Jacques Millot et j'en étais ravi. Je pris alors l'habitude, à chaque retour, d'aller l'entretenir des résultats de mes dernières campagnes, des questions que ces nouvelles données réglaient, mais des nouveaux problèmes aussi que cela soulevait. Et ainsi est née une période de longues conversations et de rapports nouveaux d'élève à maître bien sûr, mais d'amitié aussi et d'une sorte de complicité. Il arrivait d'ailleurs que ces conversations interrompues au Musée se continuassent à son domicile et c'est ainsi que j'ai pris la bien agréable habitude d'accepter les gentilles invitations à déjeuner de Mme Millot.

C'est à cette époque que le professeur Millot me parla de l'Académie des Sciences d'Outre-Mer. C'est lui et notre secrétaire perpétuel, M. Robert Cornevin, qui sollicitèrent en 1973 ma candidature à un siège de membre correspondant.

J'ai trouvé en M. Millot un homme d'une extraordinaire culture. J'ai trouvé en lui un savant rigoureux, dont l'esprit scientifique à la fois logique et critique, était véritablement un modèle; j'ai trouvé aussi, et peut-être par-dessus tout, un homme tout à la fois réservé et chaleureux. Déjà très impressionné par l'envergure de son œuvre, par son ampleur, par sa maîtrise, je le suis peut-être encore plus aujourd'hui par la manière élégante et ferme dont elle a été conduite. J'ai reçu un jour une grande leçon de ce grand patron, leçon qui dépeint assez bien, je crois, cette maîtrise de son ouvrage, de son temps et de lui-même; m'ayant appelé à son bureau au Musée de l'Homme, je m'étais permis de répondre, en m'excusant, que trop pris, je ne pourrais peut-être pas m'y rendre immédiatement : « Coppens, me dit-il, vous êtes beaucoup trop occupé pour ne pas être libre. » Et j'ai, en effet, l'impression depuis d'avoir tout le temps du monde.

Mais je voudrais, pour finir, vous faire savoir, encore une fois, combien je suis heureux et fier d'être reçu dans cette Compagnie et à cette succession. Mon attrait pour l'Outre-Mer remonte à ma plus tendre enfance : cet ailleurs, lointain, différent, étrange, que je voyais probablement un peu comme une image d'Épinal, avec des arbres à grandes palmes, du soleil et des gens de couleur, a fasciné toute ma jeunesse. On raconte dans ma famille qu'à la question toute naturelle de ma mère : « Que feras-tu quand tu seras grand ? », je répondais, dans le français approximatif de mes 5 ans : « Quand je " sera " grand, je " sera " soldat nègre. » Je suis tout à fait incapable de dire d'où me venait cette « vocation », mais je sais que la réponse de mes parents, tout de même un peu étonnés, « soldat peut-être, nègre sûrement pas », me plongeait dans un abîme de désespoir. De multiples lectures sont venues bientôt m'entretenir dans mes rêves et je me souviens encore du merveilleux parfum que m'apportaient, par bouffées, des noms pêle-mêle comme Tchad, Fouta-Djalon, Port-Gentil, Fezzan mais aussi Siam, Insulinde, Yang-tsé-kiang ou baie d'Along. Après bientôt un quart de siècle de voyages et de recherches outre-mer, je peux dire que, si je ne suis devenu ni soldat ni noir, je n'ai jamais été déçu : les pays et les gens ont rejoint sans peine ceux que mon imagination et mon cœur avaient fabriqués.

Si je vous raconte cette anecdote insignifiante et trop personnelle, c'est parce que je pense profondément qu'au-delà des liens circonstanciels que les uns et les autres avons pu avoir avec cet outre-mer qui nous réunit ici, il y a très certainement, avouées ou non, des raisons affectives qui nous y rattachent et c'est à cet attachement que je voulais faire allusion lorsque je parlais de la complicité qui nous avait rapprochés de manière si étroite, mon illustre prédécesseur, le professeur Jacques Millot et moi-même.

Robert Gessain

Je ne connaissais pas Robert Gessain avant qu'il me pressente en 1969, pour occuper une des sous-directions de son vaste Laboratoire qui s'appelait alors « Anthropologie et Ethnologie » et recouvrait les 9/10 du Musée de l'Homme. L'excellente idée de Robert Gessain était de structurer ainsi le Département d'anthropologie (sous-entendu « physique ») tout en étoffant l'équipe d'administration générale. Il poursuivra d'ailleurs cette politique scientifique en sollicitant, quelques années plus tard, André Langaney pour une autre sous-direction; le Département d'anthropologie qui allait devenir le Laboratoire d'anthropologie du Muséum national d'Histoire naturelle se trouvait ainsi construit sur trois pieds, une direction couvrant la partie biologique et démographique de la discipline illustrée donc par Robert Gessain, et deux sous-directions figurant ses facettes génétique et paléontologique représentées par André Langaney et moi-même. Ce n'est d'ailleurs pas un hasard si j'ai été élu en 1980 et André Langaney en 1987 pour succéder à Robert Gessain à la Chaire d'anthropologie du Muséum.

Sous-directeur donc de Robert Gessain pendant un peu plus de dix ans (juin 1969-mars 1980), puis son successeur à la direction du Laboratoire du Muséum d'une part pendant un peu plus de trois ans (mars 1980-mai 1983) et à celle du Laboratoire associé au Centre national de la Recherche scientifique, le Centre de Recherches anthropologiques du Musée de l'Homme, d'autre part, pendant huit ans, j'ai souvent pensé solliciter ses collègues et amis pour composer et éditer un de ces ouvrages que l'on nomme à juste titre *Mélanges*, en hommage à sa carrière et à sa personnalité; c'est cet ouvrage qui voit donc le jour, mais en hommage hélas à sa mémoire; sa parution a été en outre programmée pour accompagner l'exposition d'hommage à l'hivernage 34-35 et à la traversée 36-37 du Groenland par Robert Gessain et Paul-Émile Victor.

La grande idée pionnière de Robert Gessain, menée toute sa vie avec opiniâtreté, avait été de choisir pour étude un très petit nombre de très petites populations endogames et de les appréhender pendant le plus grand nombre d'années possible par la plus grande diversité de disciplines possible, afin de réaliser à terme des monographies d'autant plus complètes et rigoureuses, dont la valeur serait donc due à la combinaison : – nombre réduit d'individus, – durée d'observation, – multiplication des éclairages. Lui-même et ses collaborateurs ont ainsi mené, pendant plus de cinquante années pour certains, l'étude de quatre ensembles de populations, celle des Ammassalimiut de la côte orientale du Groenland, celle de plusieurs ethnies du Sénégal oriental, celle de populations de trois vallées voisines des Pyrénées centrales et celle enfin des habitants du bourg de Plozévet dans le sud du Finistère.

Nous avons donc établi, quelques-uns de ses collaborateurs et moi-même, une liste des principales personnalités françaises et étrangères qui avaient travaillé avec ou près de Robert Gessain et nous leur avons demandé une contribution écrite originale relative à leurs relations avec lui ou à leurs propres recherches dans des domaines qu'ils partageaient. Nous avons choisi d'autre part la revue du Musée de l'Homme, *Objets et Mondes*, avec l'accord du professeur Jean Guiart, son rédacteur en chef, pour publier ce recueil, parce que Robert Gessain appréciait beaucoup ce périodique et qu'il l'avait souvent utilisé lui-même pour faire connaître le résultat de ses travaux. Nous nous sommes du même coup trouvés devant un problème insoluble : nous avions reçu un très grand nombre de réponses favorables et par suite de textes et nous devions nous soumettre à la limite de 80 pages imprimées du numéro d'*Objets et Mondes*. Plutôt que de faire une sélection fatalement arbitraire dans les manuscrits reçus, nous avons donc dû prendre la décision de les envisager en plusieurs temps; l'œuvre de Robert Gessain ayant commencé avec l'extraordinaire épopée groenlandaise du commandant Charcot et de son *Pourquoi-Pas?* et de l'équipe Victor-Gessain-Perez-Matter entrée depuis dans l'histoire, nous avons pensé qu'il était naturel de commencer cette publication par un numéro thématique sur le monde arctique. Nous échappions d'ailleurs ainsi, malgré nous, au caractère ingrat par définition de tout « Mélanges » et nous participions beaucoup mieux en même temps à l'hommage rendu également à la mémoire de Robert Gessain par l'exposition sur les expéditions polaires.

Quatorze contributions vont donc se partager le fascicule; trois concernent l'époque héroïque du premier hivernage et de la traversée du Groenland, deux sont dues aux deux survivants de cette extraordinaire aventure, Paul-Émile Victor et Michel Perez et la troisième au propre fils de Robert Gessain, Antoine Gessain;

sept se rapportent aux populations eskimo du Groenland oriental et sont dues à des chercheurs qui furent souvent sur le terrain ses coéquipiers : Louis Rey, Louis-Jacques Dorais, ou ses élèves : Joëlle Robert-Lamblin, Pierre et Bernadette Robbe, Michel Perrot, Catherine Énel, ou dont il fut le coéquipier : Anne Piantanida. Certaines envisagent plus largement le monde arctique, soit dans son ensemble, comme Finn Lynge de l'Inuit Circumpolar Conference, soit dans certaines de ses facettes géographiques et ethnographiques, le Groenland oriental vu du Groenland occidental avec Michel Perrot, le Canada avec Asen Balikci et aussi Louis-Jacques Dorais, les îles Aléoutiennes avec William S. Laughlin, la Sibérie avec Boris Chichlo.

Pour qui ne connaît pas ces civilisations hyperboréennes, ces quatorze approches donnent d'elles un aperçu d'une allure étonnamment complète comme si les auteurs avaient été sélectionnés en fonction de leurs spécialités et leurs participations coordonnées; l'origine asiatique de ces peuples et leur passage en Amérique à l'émersion du Behring il y a 18 000 années, au plus fort de la dernière glaciation, sont évoqués à l'occasion de l'étude comparée des Eskimo de Sibérie, des Aléoutiennes, de l'Alaska, d'une part, des Tchouktches d'U.R.S.S. et des Amérindiens des États-Unis d'autre part. L'originalité de leurs coutumes, leurs diverses activités de chasse, de pêche, de cueillette, leurs artisanats traditionnels mais aussi leur environnement climatique, animal, végétal, sont décrits au fil de la biographie d'un chaman d'Ammassalik, des notes de terrain d'une expédition dans la Tchoukotka ou d'une reconnaissance à pied et en U.L.M. dans un parc national du Groenland. Leur situation actuelle, politique, économique, culturelle, linguistique fait évidemment l'objet de nombreuses analyses, interprétations de données comparées du Groenland de l'Est et de l'Ouest, du Canada, de Sibérie, constats mais aussi stratégies d'avenir d'organismes internationaux ou d'observateurs individuels.

Enfin, pour qui n'a pas connu Robert Gessain, ces quatorze témoignages donnent de lui, avec pour cadre grandiose la banquise, l'extraordinaire découpe de sa côte et la chaude vigueur de la civilisation qu'elle a fait naître, la belle image d'une personnalité particulièrement forte, pleine de passion et d'enthousiasme, de curiosité et de chaleur; érudit, son regard naturaliste et son observation humaniste apparaissent tout au long de ces évocations, partout accompagnés des mêmes qualificatifs de brillant, énergique, lucide, honnête; la puissance de son imagination, la profondeur de son émotion, mais aussi la qualité de son analyse n'ont par ailleurs échappé à personne; son livre *Ammassalik ou la civilisation obligatoire* est apparu ainsi comme étonnamment et tristement prophétique, aux Canadiens par exemple qui en ont constaté l'exactitude, la démonstration en quelque sorte, sur leur territoire, dix années après sa parution.

Qu'il me soit permis d'ajouter mon modeste hommage à tous ceux de ses amis, collègues, élèves eskimologues. Le cadre dans lequel j'ai connu Robert Gessain seize années durant n'a pas été celui, majestueux, de l'inlandsis mais celui des murs, des couloirs arrondis, des vastes salles du Palais de Chaillot dont il était le patron. Comme aux auteurs de cet ouvrage, Robert Gessain m'est évidemment apparu en permanence brillant, éclatant, d'une très grande vivacité; comme à eux, l'homme de passion, enthousiaste et fatalement parfois emporté, n'a pu non plus m'échapper. Mais j'ajouterais volontiers un autre aspect que je n'ai pas trouvé dans ces manuscrits : le joueur; Robert Gessain aimait s'amuser. Il était par suite un conteur merveilleux, un merveilleux acteur, un charmeur. Il n'a jamais dû laisser personne indifférent. Les briefings qu'il réunissait chaque lundi, mercredi et vendredi matin avec ses sous-directeurs et le secrétaire d'administration pour régler les divers problèmes en cours et faire tourner cette grande maison, étaient pour lui l'occasion de raconter, de flatter ou de piquer, de porter aux nues ou de démolir sans appel, de provoquer sans cesse et de beaucoup s'amuser; jamais aucune de ces réunions n'a été banale, morose, neutre; et ce ne sont pas mes collègues d'alors, Solange Thierry, Françoise Girard, Henri Lehmann qui me contrediront. C'était chaque fois la surprise d'une histoire, d'un plaidoyer, d'une condamnation, d'une colère. Mais par-delà ces passions restaient toujours présents le jugement juste et froid, la solution mesurée et rationnelle. Que dire pour conclure si ce n'est que j'éprouve une fierté certaine d'avoir été quelque temps l'élève et le collaborateur de Robert Gessain; je tiens à saluer avec déférence mais aussi avec éclat, sinon je le décevrais, sa mémoire.

Phillip Valentine Tobias

Phillip Valentine Tobias vient de recevoir le prix Balzan 1987 pour l'anthropologie physique; c'était la première fois que ce prix prestigieux était offert à notre discipline.

Toute la communauté anthropologique internationale s'est réjouie de ce choix du jury; Phillip Tobias est en effet un savant unanimement respecté pour l'étendue de son savoir, apprécié pour l'élégance avec laquelle il le transmet et très aimé pour la courtoisie de ses rapports avec ses collègues.

Né à Durban, de père britannique et de mère sud-africaine, le 14 octobre 1925, Phillip Tobias fit sa médecine à l'université du Witwatersrand de Johannesburg et suivit tout particulièrement les cours d'histologie et de physiologie qui le conduisirent à soutenir dès 1953 un PhD sur les chromosomes et les cellules sexuelles de la Gerboise : sa thèse le fit passer du grade de Lecturer en anatomie qu'il était devenu à celui de Senior Lecturer, poste qu'il occupa cinq ans avant d'accéder, en 1959, à la Chaire d'anatomie de son Université en même temps qu'à la direction du département correspondant, position qu'il n'a pas quittée depuis.

Son œuvre, toujours en pleine productivité, est gigantesque; un chiffre simple suffit à montrer que ce qualificatif n'a rien d'exagéré; sa notice compte 700 titres de travaux dont 146 de livres, 318 d'articles spécifiques, 96 d'articles généraux, 131 de biographies. En dehors de ses années de thèse qui lui ont fait faire quelques travaux de cytogénétique et d'histologie, son activité s'est développée à l'intérieur même du champ de l'anthropologie biologique, des recherches sur la croissance ou l'hybridation d'un certain nombre de populations actuelles aux problèmes d'évolution de l'Homme.

Il s'est en effet beaucoup intéressé aux diverses communautés humaines sud-africaines contemporaines, San du Kalahari, Korana du Transvaal, Hottentots du Sud-Ouest, Tonga de la vallée du Zambèze, métis San-Blanc, Hottentot-Noir, Noirs, Chinois, Indiens de Johannesburg, etc., traitant tantôt de leurs groupes sanguins, tantôt de la couleur de leurs yeux et de sa transmission, tantôt de la croissance et de la maturation de leurs enfants, tantôt de celles de leurs traits héréditaires repérables chez les hybrides.

Mais l'essentiel de l'œuvre de Phillip Tobias est paléoanthropologique et elle a véritablement commencé lorsque Louis Leakey lui a demandé d'étudier le premier crâne d'Australopithèque qu'il venait de découvrir à Olduvai en 1959 et qu'il avait appelé *Zinjanthropus boisei;* Phillip Tobias honorant merveilleusement la commande passée, a alors réalisé une étude monographique de cette pièce publiée en 1967 à la Cambridge University Press et devenue, et sans doute pour longtemps, un modèle. Cette collaboration va d'ailleurs s'affirmer avec la cosignature Louis Leakey, Phillip Tobias et John Napier, de la première espèce du genre *Homo, Homo habilis,* en 1964; et elle se poursuit dans une certaine mesure encore aujourd'hui, quinze ans après la mort de Louis Leakey, puisque Phillip Tobias vient de déposer chez son éditeur un manuscrit de 1 800 pages sur les fossiles d'*Homo habilis* d'Olduvai. Passionné par ces problèmes d'origine et d'évolution des Hominidés et de l'Homme, Phillip Tobias va d'ailleurs ouvrir lui-même ou inciter à ouvrir de nouveaux chantiers de fouilles dans les grands sites à Australopithèques sud-africains : Makapansgat, Sterkfontein, Kromdraai, Taung, ou dans un certain nombre de gisements à Hominidés fossiles de cette partie de l'Afrique, Bolt's Farm, Gladysvele, Rose Cottage Cave, Mwulu Cave; il va étudier ou réétudier toute une série de fossiles humains et préhumains, Kedung Brubus, Kanam, Kanjera, Ubeidiya, Haua Fteah, Baringo, Chemeron, Eyasi, Peninj, Inyanga, Broken Hill, Cave of Hearths, Taung et les fossiles nouveaux de Sterkfontein et de Makapansgat; il va proposer dans ses conférences ou ses articles de brillantes synthèses, des idées originales, de précieuses réflexions sur les nouvelles découvertes et leur intégration dans un tableau général et compréhensif de l'histoire de l'Humanité.

(...) Phillip Tobias est un grand anatomiste, dans la tradition des Franz Weidenreich ou des Henri-Victor Vallois; comme ces derniers il aura fait profiter la paléoanthropologie de son immense connaissance et il aura par suite marqué de son influence cette facette de l'évolution de notre discipline. Sans être un homme de terrain, au point où l'ont été ou le sont encore ses collègues travaillant en Afrique de l'Est, il aura cependant apporté aussi sa pierre à l'édifice de cette seconde facette de la paléontologie humaine. Ne pouvant tout traiter, il aura par contre emprunté, mais de manière intelligemment critique, les données apportées par les paléontologistes et par les préhistoriens à l'élaboration de la troisième et de la quatrième facettes, les facettes environnementale et comportementale de l'histoire de l'Homme.

Homme de science donc dont il faut avoir connu les enthousiasmes devant la mise en évidence sur un fragment osseux d'une crête ou d'une gouttière pour en apprécier la passion, homme de cœur dont la chaleur de l'amitié n'a jamais été prise en défaut, nous sommes heureux de saluer le choix des jurés du premier prix Balzan pour l'anthropologie physique.

*
* *

Il y a évidemment beaucoup d'autres chercheurs, de différentes classes d'âges, qu'il m'aurait plu de saluer. Leurs noms ne cessent d'ailleurs d'apparaître tout au long de cet ouvrage... Je pense à mes aînés, Marie-Henriette Alimen, Emmanuel Anati, Jean Anthony, Lionel Balout, Raymond Dart, André Delmas, Pierre-Roland Giot, Robert Hoffstetter, William Howells, Mary Leakey, Arlette Leroi-Gourhan, Ernst Mayr, Jean Piveteau, John Robinson, à mes contemporains, souvent collaborateurs Jean-Louis Ballais, Louis de Bonis, Raymonde Bonnefille, Jacques Briard, France de Broin, Jean Chavaillon, Albert Ducros, Vera Eisenmann, Fiorenzo Facchini, Hugues Faure, Stephan J. Gould, Claude Guérin, Jean Guilaine, Jean-Louis Heim, Ralph Holloway, Francis Clark Howell, Jean-Jacques Jaeger, Donald Johanson, Jon Kalb, Jean-Claude Koeniguer, Jean L'Helgouach, Henry de Lumley, Harry Merrick, Germaine Petter, David Pilbeam, Jean-Claude Rage, Donald Russel, Roger Saban, Michel Sakka, Elwyn Simons, Maurice Taieb, Eugen Strouhal, Jacques Tixier, Serge Tornay, Bernard Vandermeersch, Alan Walker, Tim White; ou aux plus jeunes, devenus aussi, pour beaucoup, collaborateurs ou collègues, Christine Berge, Yvette Deloison, Michel Garcia, Denis Geraads, Jean-Jacques Hublin, Hélène Roche, Maurice Sabatier, Brigitte Senut, Philippe Taquet, Christine Tardieu, Pascal Tassy, Herbert Thomas, Erik Trinkaus, Denis Vialou, Annie Vincens.

Saluons enfin la mémoire de ceux avec qui nous avons travaillé, qui nous ont quittés et qui ne se trouvent pas dans les biographies précédentes : Michel Beden, William Bishop, François Bordes, Pierre-Paul Grassé, Jacques Lessertisseur, Pierre Merlat, John Napier, Bryan Patterson.

SOURCES

Allocution (1ʳᵉ partie) à l'occasion de la réception du doctorat honoris causa de l'université de Bologne, Bologne, 15 avril 1988, sous presse.

Laboratory of Anthropology of the National Museum of Natural History of Paris (Museum of Mankind), *European Anthropology Newsletter*, nº 15, 80 (3), octobre 1980 : 16-18. (Traduit de l'anglais.)

Leçon inaugurale faite le vendredi 2 décembre 1983, Collège de France, Chaire de la paléoanthropologie et préhistoire, Collège de France, 1984, 94 : 34 p. (ici 5 à 9).

Pierre Teilhard de Chardin, le paléontologiste, l'homme de terrain, communication au Colloque international de l'UNESCO à l'occasion de la célébration du 100ᵉ anniversaire de la naissance de Pierre Teilhard de Chardin, Paris, 16-18 septembre 1981, manuscrit.

Les cent facettes d'André Leroi-Gourhan, Le monde des livres, *Le Monde*, vendredi 20 mai 1983, 24.

André Leroi-Gourhan (25 août 1911-19 février 1986), *Annuaire du Collège de France 1985-1986*, résumé des cours et travaux, 86ᵉ année, Paris : 83-86.

Camille Arambourg et Louis Leakey, un demi-siècle de paléontologie africaine, *Bull. Soc. préh. fr.*, Paris, t. 76, n° 10-12, 1979, Études et Travaux : 291-323.

Préface. *In :* Richard Leakey et Roger Lewin, *Les origines de l'Homme*, Artaud éd., 1979 : 4-5.

Le professeur Henri-Victor Vallois, Anthropologue et Paléoanthropologue, *Bull. et Mém. Soc. Anthrop.* Paris, t. 9, sér. XIII, 1982 : 103-107.

Allocution de M. Yves Coppens, professeur au Muséum national d'Histoire naturelle, *In : Hommage à Jean-Pierre Lehman*, 9 janvier 1981 : 9-11.

Éloge de Jacques Millot *In : Mondes et Cultures*, Comptes rendus trimestriels des séances de l'Académie des Sciences d'outre-mer, t. XLI, 3, 1981 : 537-543.

Avant-Propos. *In : Objets et Mondes*, t. 25, fasc. 3-4, hommage à Robert Gessain, eskimologue, 1988 : 83-84.

Le Prix Balzan à P.V. Tobias, *Bull. et Mém. Soc. Anthrop.* Paris, t. 4, sér. XIV, 1987 : 305-306.

CHAPITRE III

Les grands ancêtres et leur environnement

Paléontologie, anthropologie, paléoanthropologie, préhistoire, ichnologie nous apprennent que la vie naquit de la matière et que tous les êtres vivants, qui existent ou ont existé, appartiennent à un seul et même arbre généalogique (figure 1); on appelle leur filiation, l'évolution. L'histoire de la vie, longue de près de 4 milliards d'années, nous fait en effet assister à une transformation constante des formes qu'elle prend, dans le sens de la complication croissante. On passe ainsi d'un monde qui pendant plus de 3 milliards d'années ne contient que des êtres simples, ni plantes ni animaux, puis que des plantes et des Invertébrés, à un monde qui, depuis 500 millions d'années, porte à la fois Plantes, Invertébrés et Vertébrés, et parmi ces Vertébrés, des Agnathes et des Poissons d'abord, puis, depuis 400 millions d'années, des Agnathes, des Poissons et des Reptiles et, depuis 200 millions d'années, des Agnathes, des Poissons, des Reptiles et des Mammifères. Les Primates apparaissent au sein des Mammifères vers 70 millions d'années en Amérique du Nord et en Europe alors réunies, les Primates supérieurs en Afrique et en Arabie il y a 35 millions d'années. Parmi ces Primates supérieurs, la superfamille des Hominoïdés, arabo-africaine puis arabo-africaine et eurasiatique depuis que ces deux ensembles continentaux, il y a 17 millions d'années, sont entrés en collision, nous conduira à l'émergence de notre famille que l'on appelle Hominidés (figure 2). Née en Afrique orientale, il y a 8 millions d'années parce que les conditions tectoniques puis écologiques régionales tout à fait particulières s'y prêtaient (figure 4), notre famille va passer par deux stades successifs, un stade préhumain ou Australopithèque et un stade humain ou Homme dont nous faisons partie. Le stade Australopithèque est-africain puis est- et sud-africain inventera l'outil; le stade Homme est-africain, puis africain et eurasiatique et bientôt mondial, développera cet équipement manufacturé de manière spectaculaire, pierre, pot, métaux, plastique, en même temps qu'il développera sa vie spirituelle : curiosité, peinture, gravure, sculpture, écriture, imprimerie, traitement de textes. On trouvera l'Homme, que l'on appellera *habilis* d'abord, *erectus* ensuite, *sapiens* enfin, partout en Afrique et en Eurasie vers 2 000 000 à 2 500 000 ans, en Amérique vers 300 000 ans peut-être, en Australie vers 50 000 ans sûrement.

La loi de l'évolution est la plus importante de toutes les lois du monde; elle a présidé à notre naissance, a régi notre passé et, dans une large mesure, contrôle notre avenir. La vertigineuse plongée de nos racines dans le monde vivant, notre origine unique et tropicale, le déroulement de notre histoire biologique et le rôle qu'y a joué notre milieu naturel, l'émergence de notre conscience, la construction de notre culture et puis son développement extraordinaire qui est parvenu à nous retirer tout notre inné au profit de ce qui allait devenir notre acquis, ont aujourd'hui pleine valeur de données dont il n'est pas besoin de souligner l'importance.

*
* *

Le ciel et la terre

Confier la préface d'un livre d'astronomie à un paléontologiste : en voilà une drôle d'idée! Et le paléontologiste, grisé par les couleurs des galaxies et les mystères de l'espace-temps, qui accepte : en voilà une inconscience! C'est pourtant ce qui s'est passé!

Serge Brunier, l'auteur, et Sophie Banquart, l'éditeur, sont venus un jour me parler du ciel parce que j'étais, sans doute, un peu plus près de la terre que d'autres. Et ils m'ont demandé, le temps de quelques lignes, de lever un peu les yeux de ma tranchée de fouilles. Comment refuser l'occasion de fréquenter quelques instants les étoiles?

Astronomes et paléontologistes me sont d'ailleurs vite apparus bien plus proches qu'ils n'en avaient l'air. N'écrivent-ils pas, après tout, les uns et les autres, la même histoire? Les êtres vivants ne sont-ils pas, en effet, un état d'évolution de la matière créée au cœur des géantes stellaires! Quel paléontologiste n'a rêvé de voir un jour la lumière lui restituer, par réflexion, le film de la vie sur la terre tout au long des 4 milliards d'années de son itinéraire? Quel astronome n'a espéré devenir un jour le premier exobiologiste qui ferait connaître les formes de la vie sur les autres planètes?

Mais c'est sans doute la beauté du livre de Serge Brunier qui m'a le plus frappé; la beauté des couleurs, des formes, de leurs associations galactiques et celle du discours employé pour les décrire : ainsi les pages sur la destinée du Soleil sont, en soi, un bien extraordinaire poème.

Et puis ce sont les dimensions, justement connues sous le nom d'astronomiques, mais aussi parfois leurs étranges limites qui font de certaines d'entre elles des mesures finies et, paradoxalement, confortables; dans la bulle de l'Univers, d'un rayon de quinze milliards d'années-lumière, ne brillent par exemple que dix mille milliards de milliards d'étoiles... Mais il faut dire que cette bulle est peut-être ouverte!

C'est aussi l'histoire de l'Univers avec son irrésistible besoin d'expansion, avec ses étoiles qui naissent, vivent et s'éteignent tandis qu'il en naît de nouvelles.

C'est encore le casse-tête de l'espace-temps, l'infini, la géométrie hyperbolique, l'éternité, l'inconnaissable..., notions où haute connaissance et poésie, immense complexité et rêve se rejoignent fort heureusement.

Le livre de Serge Brunier est donc tout cela : le plus merveilleux des livres d'images, le plus puissant des livres de poésie, le plus clair des livres de science, le plus extravagant des livres d'histoire... Il nous arrache à notre Terre en nous racontant le déroulement des 15 derniers milliards d'années, et en nous montrant des instantanés qui mélangent des mondes que séparent ces milliards d'années. Il nous rassure en nous expliquant que de toute façon nous sommes tous faits d'une petite centaine d'atomes avec leurs protons, leurs neutrons, leurs électrons, et que nous n'habitons après tout qu'un coin de l'Univers comme un autre. Puis il nous arrache encore à notre planète en nous suggérant d'écouter les étoiles, dont certaines doivent bien émettre désespérément depuis des années-lumière, ou en nous décrivant leur fin inéluctable lorsque, trop chargées en éléments lourds, elles ne s'allument plus. Qu'ajouter, sinon qu'il faut lire et relire ce beau texte pour apprendre, bien sûr, pour remettre aussi les choses de la vie à leur juste place, mais pour s'étonner encore et s'étonner sans cesse... N'est-ce pas là, en effet, l'extraordinaire privilège du plus haut niveau de concentration de la matière actuellement atteint, ce niveau de conscience réfléchie que nous représentons?

L'Homme, enfant des étoiles

(...) J'ai la conviction que les sciences astronomiques, géologiques, paléontologiques, préhistoriques, en un mot l'histoire, qu'elle soit de l'Univers, de la Terre, de la Vie ou de l'Homme, a désormais un grand message à remettre à l'humanité tout entière pour l'aider à se mieux connaître et à mieux gérer sa destinée. Ce message, qui dépasse les fictions les plus extravagantes, est simple et merveilleux : l'Homme est enfant des étoiles. Il n'y a pas de solution de continuité entre la matière des étoiles et celle de la terre, entre cette dernière et la substance de la vie, entre toutes les manifestations de cette vie qui existent ou ont existé et l'Homme.

L'origine de l'Homme, c'est aussi bien l'origine de l'univers, il y a 15 milliards d'années que celle de la terre, il n'y en a que 5, que celle de la vie, il y a 4 milliards d'années, celle des

Mammifères, il y a 200 millions d'années, celle de notre famille, il y a 10 millions d'années ou celle de notre genre, il y en a 3 ou 4. Nous ne représentons qu'un rameau d'un immense arbre généalogique dont les racines sont dans le ciel. Les sciences que je pratique, en mettant peu à peu en évidence cette extraordinaire filiation, ont l'immense mérite de la rendre rassurante alors qu'elle était hérétique; bien qu'elles se situent à un niveau tout à fait différent de celui des dogmes, elles rejoignent aujourd'hui curieusement, en aval comme en amont, tous les mythes et les religions de la terre, en proposant des réponses aux questions que se posent tous les êtres humains depuis que l'Homme est conscient, depuis qu'il sait qu'il sait : Qui suis-je? D'où viens je? Où vais-je? C'est, me semble-t-il, la plus belle idée universelle susceptible de réunir tous les Hommes (...).

*
* *

Nos cousins les Singes

Tous les êtres vivants sans exception, toutes les plantes, tous les animaux, mais aussi tous les Hommes, qui existent ou ont existé, appartiennent à un seul et même immense arbre généalogique; ils occupent sur cet arbre, des branches certes différentes, parfois très éloignées les unes des autres, mais ils n'en partagent pas moins, nous n'en partageons pas moins tous, la même origine, vieille de près de 4 milliards d'années (figure 1).

Or il se trouve que le rameau le plus proche du nôtre est, sans le moindre doute, celui des Singes; tous les Singes de la terre, dont l'histoire commence il y a 70 millions d'années, sont, dans cette grande famille, incontestablement nos cousins.

Cette parenté ne peut échapper à personne, on pourrait sans doute dire, devant certains de leurs étonnements, pas plus à eux qu'à nous; et notre fascination pour ces animaux que, de manière très significative, nous adorons ou nous détestons, est évidemment liée à l'image de nous-mêmes qu'ils semblent nous renvoyer. Les différences qui nous séparent, l'habileté, l'outil, la

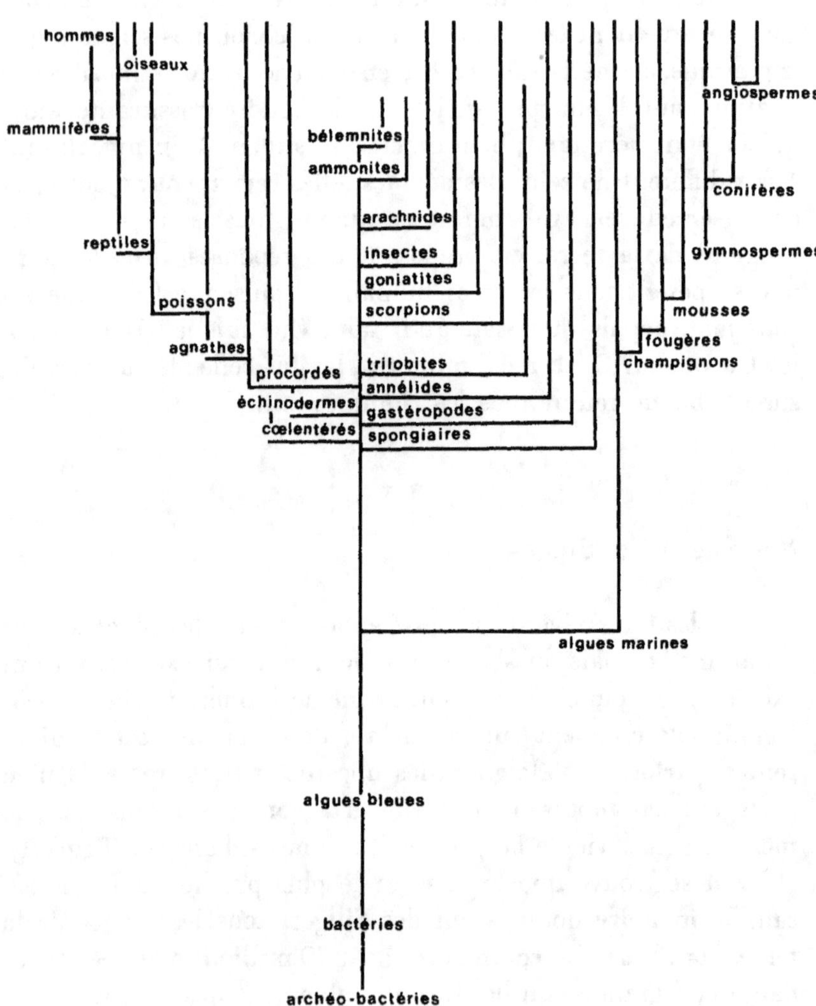

FIGURE 1

Tous les êtres vivants qui existent ou ont existé appartiennent à un seul et même arbre généalogique.

culture, l'organisation sociale, l'intelligence même, peuvent, la plupart du temps, ne s'exprimer qu'en termes de quantités.

Nous avons, bien évidemment, porté tous ces caractères à un niveau extraordinaire en quelques millions d'années. Mais leur existence chez nos petits cousins signifie que leur apparition est ancienne, qu'elle a précédé l'Homme; ces caractères ne nous appartiennent pas.

La maman, chez les Singes comme chez les humains et beaucoup plus que chez d'autres espèces, joue ainsi un rôle essentiel dans l'éducation, qu'elle fera d'ailleurs différente selon le sexe de l'enfant. Cette éducation est longue; le petit Orang-Outan par exemple restera parfois sept ans dans les jupes de fourrure de sa mère. L'enfant trouvera dans ce contact, souvent traduit par un solide arrimage au pelage maternel, chaleur et tendresse, confort et sécurité, et certainement plaisir. Son exploration du monde et ses divers apprentissages se font d'ailleurs en général en milieu matriarcal; les parentes et amies de la mère mais aussi les enfants plus âgés ou les petits voisins entourent le jeune, se relaient dans sa surveillance, se succèdent dans les soins à lui apporter. Mais la protection du père, chez certaines espèces au moins, n'en est pas pour autant absente.

C'est très probablement de ce long rapprochement mère enfant, auquel on peut parfois ajouter le père, pratiqué chez les ancêtres de quelques millions d'années que ces petits Singes contemporains et nous-mêmes partageons, qu'est née chez les humains, avec la conscience, la plus belle des émotions que nous appelons l'amour.

Parmi tous les petits de Mammifères, le petit des Singes est certainement celui qui joue le plus.

Assuré de son équilibre affectif par les rapports étroits et permanents qu'il entretient avec sa mère, l'enfant-singe aura besoin de cette débauche d'énergie, d'inventions et de contacts qu'est le jeu pour acquérir son équilibre sexuel et se préparer une vie personnelle et sociale normale. Cette façon de se mesurer à tout moment aux autres enfants de sa génération lui permettra, peu à peu, de s'insérer dans la société des adultes qui va devenir la sienne et de mériter sa place dans sa hiérarchie si élaborée. Le jeu est ainsi sans cesse apprentissage; apprentissage à marcher, à courir, à grimper, à sauter, à se battre, à manipuler, entraînement sportif et entraînement sexuel, en un mot entraînement à survivre personnellement ou socialement par l'apprentissage de la rapidité des réactions et par celui de la copulation.

Mais par son côté exagéré, sa durée, l'ampleur de ses gestes, et leur fréquence, n'oublions pas que le jeu est bien sûr aussi plaisir.

La société des Singes est très organisée; sa structure varie naturellement beaucoup d'une espèce à l'autre, monogame, polygame, mixte, mais c'est, dans l'ensemble, une société hiérarchisée où règnent une certaine autorité et une incontestable discipline; pour construire cet ordre d'influence, bien des luttes interviennent, dans le jeu de l'enfance mais aussi dans les intrigues de l'âge mûr.

Lorsque l'ordre est établi, le groupe l'accepte et le respecte au moins un certain temps. Quand alors des désobéissances surviennent, elles sont désapprouvées avec fermeté par quiconque est de rang supérieur; il existe d'ailleurs tout un code de valeurs agressives croissantes pour manifester sa désapprobation. Quant à l'expression de la soumission ou au souhait d'apaisement, il se traduit le plus souvent par l'épouillage attentif ou par l'offre de copulation : une élégante façon de montrer sa dépendance mais aussi, il serait dommage de l'oublier, son amitié, est en effet de rechercher les parasites, les petits morceaux de peau, les impuretés variées de la fourrure de celui ou de celle dont on accepte l'autorité ou la force; quelle volupté en effet éprouve-t-on à se faire épouiller! Une manière tout aussi agréable d'exprimer sa déférence est de s'offrir à une pénétration de courtoisie. Le commentaire fait pour l'épouillage peut sans aucun doute être repris ici! En autres termes, n'importe qui n'épouille pas n'importe qui, n'importe qui ne copule pas avec n'importe qui.

Pour faire connaître aux autres leur présence, leur position, l'étendue et les frontières de leur territoire, beaucoup de Singes crient. Les Singes de la forêt sont d'ailleurs plus volontiers bavards à cet égard que ceux des paysages découverts.

Ce territoire, souvent très réduit – guère plus d'un kilomètre carré par exemple pour le singe hurleur – est enseigné aux petits dans ses moindres détails. Devenus grands, tous les Singes seront ainsi parfaitement chez eux à l'intérieur de leur domaine, tout à fait convaincus d'en être les seuls propriétaires. Ils seront par contre étonnamment mal à l'aise, inquiets plus que de raison, où que ce soit à l'extérieur dudit domaine.

Pour diverses raisons, tentatives d'ascension dans l'échelle sociale, opérations de maintien de la discipline ou tout simplement mauvaise humeur, il arrive que des Singes manifestent leur autorité, voire leur agressivité jusqu'à l'affrontement. Mais, dans la mesure du possible, cette dernière extrémité est évitée aussi bien par l'agresseur que par l'agressé par toute une série d'avertissements, de gestes d'intimidation, de bluffs, de parades et de simulacres de combats; de façon souvent comique, beaucoup de Singes commencent par tirer en arrière la peau de leur crâne, maintenant fixe leur regard appuyé puis ils découvrent leurs gencives et montrent leurs canines, ils piétinent et frappent le sol avec agacement, se saisissent d'objets mais ne les jettent pas ou les jettent dans une direction qui n'est pas celle de l'adversaire, comme on tire en l'air; toute la société est alors en alerte, sensible à la tension qui s'installe, attentive au déroulement de l'affrontement qui s'ensuit et visiblement intéressée par le réajustement qu'il risque d'entraîner.

Chez les Geladas des hauts plateaux d'Éthiopie, ce sont des enfants qui sont utilisés comme otages pour briser la charge de l'attaquant; ce qui démontre indirectement, s'il en était besoin, l'extraordinaire importance de l'enfant pour quelque membre de la société que ce soit, quel que soit le degré de colère qu'il ait atteint.

Chez les Babouins du Nord Kenya, une bagarre répond à une politique complexe; on y lit coalitions, hésitations, renversements d'alliances, improvisations et toujours beaucoup d'intelligence.

Quand l'agression vient de l'extérieur, du temps, de l'environnement, on assiste à de très touchantes démonstrations de solidarité, de fraternité.

Les Singes sont les enfants de la forêt mais il en est cependant qui vivent en paysages très découverts, voire en altitude; les Geladas d'Éthiopie par exemple habitent à 4 000 mètres. Surpris par la pluie, ils vont se blottir en mêlée serrée pour offrir le moins de surface possible et réchauffer en même temps la puissance de leurs rapports sociaux.

Descendants incontestables de très petits insectivores de l'ère secondaire, les Singes et par suite nous-mêmes, devons notre raison d'être à l'initiative d'une nouvelle cuisine; au lieu de ne manger que des insectes, nous allons en effet nous mettre à déguster des fruits. C'est tout de même une bien belle histoire que la nôtre, nous qui devons sans doute notre existence au fait qu'il y a 70 millions d'années, nos petits ancêtres, parce que leur vue s'était améliorée et qu'ils étaient les premiers conquérants du monde des arbres, ont eu envie de savourer de beaux fruits paisibles que leur rondeur et leur couleur avaient rendus irrésistibles plutôt que de croquer toujours et toujours des insectes agités et craquants.

Mais les habitudes sont difficiles à perdre; certains n'en ont pas moins continué à grignoter, de temps en temps, quelques insectes apéritifs.

Le très mystérieux Ouakari d'Amazonie, au visage écarlate d'irrigation et non de confusion, est, quant à lui, un consommateur des graines grasses et dures de la forêt inondée qui est son domaine réservé, d'accès si difficile.

Les Macaques à toques du Sri Lanka donnent l'impression d'avoir un appétit féroce; dans leur monde, la compétition est sévère : tant qu'ils trouvent des fruits, ils les mangent et ils les stockent dans des poches aménagées dans leurs joues.

Les Macaques de l'île de Kochima au Japon ont breveté deux inventions d'un coup; ayant eu le souci de nettoyer les pommes de terre dont ils raffolaient, ils se sont aperçus que lavées à l'eau de mer elles devenaient salées et meilleures; et la fréquentation des rivages marins leur a fait en outre découvrir l'excellent goût du poisson. Extraordinaire pouvoir d'invention, de discernement, d'adoption et de transmission car les petits apprennent ces recettes nouvelles et ces acquisitions qu'il faut bien appeler culturelles.

Les Geladas du toit de l'Afrique ne sont pas si privilégiés; dans les rudes prairies d'altitude de l'Éthiopie, ils ont dû se mettre au régime bien peu gratifiant de l'herbe qu'ils s'offrent cependant l'élégance de cueillir, avec vigueur et désinvolture.

Il arrive que la viande entre dans les menus mais c'est alors un mets d'exception; les Babouins du Kenya qui l'apprécient pour son goût et sa rareté ont inventé pour se la procurer des stratégies de chasse collective et pour la déguster la pratique très conviviale du partage. Il est très impressionnant de constater qu'il y a 3 ou 4 millions d'années, le premier Homme, contraint, dans cette même région, par les mêmes conditions, y avait réagi de la même façon : menus opportunistes d'omnivores et partage; chaque fois que les comparaisons entre nos cousins Singes et nous-mêmes se font avec la dimension du temps, les différences s'estompent de manière surprenante; on se prend parfois à se demander ce qui véritablement nous caractérise si ce n'est un degré plus poussé d'un certain nombre de traits biologiques, culturels et comportementaux.

C'est évidemment avec la notion d'outil, pour peu qu'on prenne en compte la perspective historique, que cette question de limite entre le Singe et l'Homme se pose le mieux. Pendant bien longtemps, on a défini l'Homme par l'outil; mais on s'est vite aperçu que les Grands Singes employaient des branches, des perches, des feuilles, des épines, des pierres pour différents usages et que cette définition était par trop sommaire. On a alors tenté d'améliorer la définition de l'Homme en disant qu'il se caractérisait par l'outil aménagé. Mais on s'est aperçu que les Grands Singes brisaient les branches, cassaient les rameaux, coupaient ou mâchaient les feuilles pour améliorer l'efficacité de l'instrument choisi en fonction de sa destination. Alors que dire? Sans doute et sans honte que ces êtres et nous-mêmes sommes si proches que nous partageons cette aptitude physique et psychique à ramasser des objets pour nous en servir, voire à les améliorer le cas échéant pour les rendre plus adéquats à la tâche à laquelle on les destine. Et sans doute encore qu'en ce qui concerne notre histoire, ce n'est ni l'outil ni son aménagement qui vont caractériser notre famille mais l'outil abondant et permanent.

Des Chimpanzés de Gambie, observés avec attention, vont, par exemple, nous apprendre comment ils s'y prennent pour chercher et choisir de longues branches afin de prolonger leurs bras et d'attirer vers la rive les excellents fruits de baobab qu'ils voient dériver avec envie au fil du courant. Mais lorsque cette opération est réussie, tout hélas n'est pas gagné; il y a loin de la coupe aux lèvres. Il s'agit d'inventer le meilleur outil pour briser le fruit récupéré et accéder à sa pulpe, et ce sera, en fonction de l'astuce de chacun, les fesses ou les pieds de certains, une autre noix pour d'autres, un morceau de bois ou une inefficace brindille pour d'autres encore, une pierre et même une combinaison pierre-marteau, pierre-enclume pour les meilleurs. C'est un véritable atelier qui se met en place où bonnes et mauvaises idées se côtoient dans un très stimulant apprentissage.

Mais la pierre, la branche peut aussi être projectile ou, en tout cas, arme de dissuasion.

Quant à la pêche des termites, sa pratique est encore une brillante démonstration d'intelligence; les branches destinées à être engagées dans les orifices de la termitière pour en retirer, mordant à son bois, quelques termites soldats, seront en effet essayées pour être le mieux possible effeuillées et calibrées, en d'autres termes adaptées à l'exercice projeté.

Mais le monde culturel et technologique des Hommes, depuis le petit éclat de pierre de 3 millions d'années, s'est développé de la manière vertigineuse que l'on sait, avec souvent le génie créateur de notre famille mais sans souvent le contrôle des conséquences de ses créations. Et c'est ainsi que ces merveilleux territoires de nos cousins d'Indonésie, d'Amazonie et de la Grande Forêt d'Afrique, ceux qu'ils ont raison de défendre en hurlant, même celui des plus grands et des plus paisibles de ces parents, les puissants Gorilles des Monts de la Lune, nous les avons déjà sans doute irrémédiablement condamnés.

Voilà 35 millions d'années, les premiers Hominoïdés...

(...) Depuis que les paléontologistes ont découvert que la succession des êtres au long des couches géologiques et des millions d'années avait bien l'air d'être aussi une filiation, l'ensemble des êtres vivants du passé et du présent s'est peu à peu ordonné en un immense arbre généalogique, l'arbre phylétique, qui représente l'histoire de la Vie (figure 1). L'histoire de l'Homme aurait pu ainsi être écrite à partir des premières traces d'êtres vivants d'il y a 4 milliards d'années, ou à partir des premiers animaux à colonne vertébrale d'il y a 500 millions d'années, des premiers Mammifères d'il y a 200 millions d'années ou encore des premiers Primates d'il y a 70 millions d'années. Mais l'on ne peut évidemment pas, chaque fois que l'on parle de notre origine, raconter dans le détail les presque 4 milliards d'années d'histoire de la Vie qui nous précèdent. Il est cependant bon de se souvenir que la Vie est un continuum et que les 70 à 100 milliards d'hommes qui, en 200 000 générations, se sont déjà succédé sur la Terre, participent de ce même extraordinaire processus.

La perspective paléontologique est, dans ce volume, largement donnée par Elwyn Simons lorsqu'il évoque l'apparition des premiers Primates supérieurs, ceux que l'on appelle Simiens ou Simiiformes et dont nous faisons partie. Apidium, Parapithèque, Oligopithèque puis Propliopithèque, Aegyptopithèque qu'il récolte lui-même en Égypte depuis 1961 nous font assister, au fil d'une dizaine de millions d'années, à la mise en place de nombreux traits qui sont aujourd'hui les nôtres : développement du cerveau, accroissement de la vue, établissement de la denture à 32 dents...

Cette introduction vertigineuse, avec ses images d'il y a 30 à 40 millions d'années, ouvre sur les mondes successifs des Dryopithèques et des Australopithèques. Il semble bien en effet que notre histoire soit passée par ces étapes et qu'après avoir commencé en Afrique, puis avoir pris pendant 10 millions d'années pour théâtre l'ensemble des trois continents de l'Ancien Monde, elle soit retournée en Afrique (figure 2).

Les Australopithèques et leurs prédécesseurs immédiats dont on est en train de percevoir l'existence sont en effet africains; ils sont inféodés à cette savane de l'Est du continent qui ne cessera d'ailleurs de s'éclaircir, facilitant du même coup le développement de notre famille, tandis que les Grands Singes s'adapteront, à l'Ouest, au monde de la forêt. Ce sont Alan Walker et Richard Leakey, mes compagnons de terrain, qui écrivent ici cette belle page en donnant l'exemple de leurs propres recherches à l'Est du lac Turkana, au Kenya. Ils décrivent ces Australopithèques qui nous étonnent tant par leurs adaptations à une mastication démesurée, leur cerveau construit comme un cerveau humain mais trois fois plus petit que celui-ci et leur locomotion bipède mais pas tout à fait érigée comme la nôtre. Quelle extraordinaire surprise de mettre ainsi au jour des Hominidés véritables qui ne sont pas des Hommes et se permettent de développer un tout autre modèle d'alimentation et de comportement! Pourtant, il est plus que probable que ce soit bien de certains d'entre eux que nous descendions; les premiers Hommes à grosse tête, omnivores et bien droits, apparaissent en effet dans cette même province : le Turkana oriental nous en a livré de bien beaux exemplaires. On appelle les premiers, *habilis*, les suivants, *erectus*.

Un problème très particulier, l'étude de l'évolution de l'encéphale lors de la séparation critique des Grands Singes et des Hominidés, est envisagé ensuite avec élégance et maîtrise par Ralph Holloway, l'un des meilleurs spécialistes de cette discipline. Il est toujours amusant de rappeler que cette étude est un tour de force de paléontologiste : l'encéphale ne se fossilise en effet pas et toute l'information se trouve donc être déduite d'un trou, de son volume, du moulage que l'on en tire, de la morphologie de sa surface, de l'empreinte de la partie superficielle de son irrigation et aussi de données tout à fait indirectes comme la présence éventuelle de pierres taillées associées au fossile, la

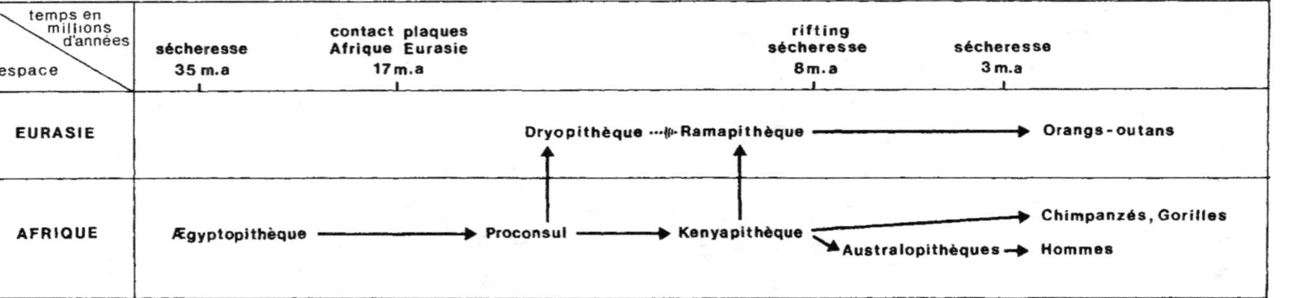

FIGURE 2. Itinéraire phylétique et géographique possible de notre superfamille, les Hominoïdés, depuis son origine en Afrique il y a 35 millions d'années.

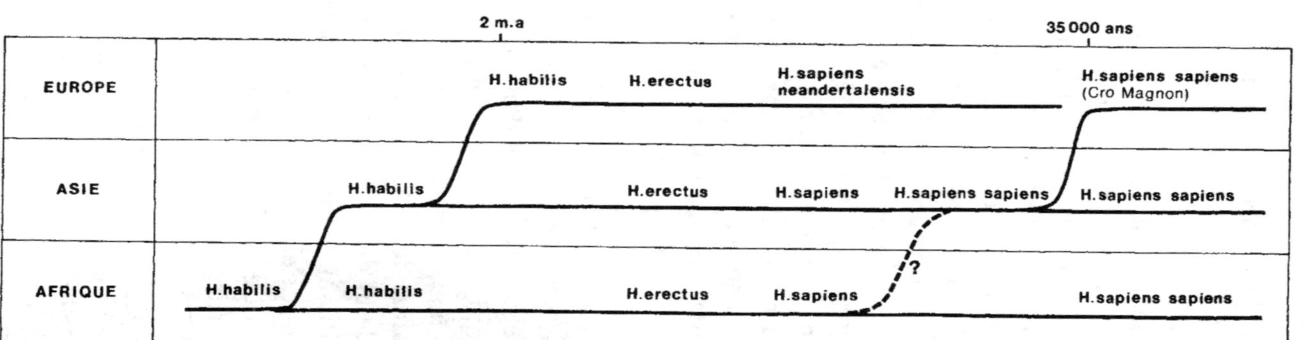

FIGURE 3. Itinéraire phylétique et géographique possible de notre genre, *Homo*, depuis son origine en Afrique il y a 3 à 4 millions d'années.

nature de la locomotion de ce dernier, la tendance de son alimentation, la qualité de sa préhension, etc.

W. Howells, dont tout le monde connaît l'extraordinaire clarté de style, enchaîne en examinant de façon générale le concept d'*Homo erectus*, cet homme « intermédiaire », vieux d'1 million et demi d'années au moins mais encore vivant il y a quelques centaines de milliers d'années. *Homo erectus* est si lié à ses ancêtres *habilis* et à ses descendants *sapiens* que notre évolution, pour la première fois, prend une allure tout à fait graduelle. Notre ancêtre occupe alors l'ensemble de l'Ancien Monde, l'Asie et l'Europe entrant en scène au même titre que l'Afrique. Apparaît alors ce phénomène étrange dont l'Homme ne se départira pas : la « bougeotte »! Trois auteurs, Richard Davis, Vadim Ranov et Andrey Dodonov viennent clore ce chapitre en fixant très haut dans les steppes de l'Asie centrale (Tadjikistan et Kazakhstan) la limite septentrionale inattendue de cette conquête.

Tel un passionnant divertissement, s'intercale alors la description par Lawrence Keeley de l'ingénieuse méthode de détermination des fonctions des pierres taillées. L'examen du fil des outils préhistoriques au microscope électronique à balayage révèle en effet des stigmates d'usure dont l'expérience nous apprend la nature; l'activité de nos lointains parents, leur alimentation préférée, mais aussi leur adresse, leurs techniques, leur économie sont ainsi dévoilées par l'objectif impitoyable du microscope.

Et le fil du temps est repris avec trois auteurs, Éric Trinkaus et William Howells, d'une part, Jean-Jacques Hublin d'autre part, qui s'efforcent de faire passer, en deux excellents articles, l'Humanité de l'*Homo erectus* à l'Homme actuel. Cette transition, si elle paraît douce et continue dans de nombreuses régions du monde, en Afrique orientale, en Afrique du Nord, en Chine, en Indonésie, se heurte, en effet, à un personnage bizarre, de 100 000 à 35 000 ans, de la Dordogne à l'Uzbekistan. Cet homme râblé et massif, au crâne long, à la face boursouflée et que l'on a voulu écarter de notre ascendance tant il était « vilain », n'est autre que l'homme de Neandertal. Peu à peu réhabilité, ce dernier apparaît aujourd'hui comme un pur produit de l'Europe des glaciations (avant-bras et jambes courtes), annoncé par tous les hommes fossiles précédents de ce continent, puis génétiquement digéré par les Cro-Magnoïdes venus du Proche-Orient (figure 3). Ainsi démystifié, l'Homme de Neandertal, s'il demeure une curieuse réalisation, peut-être adaptative, de l'évolution, n'en devient pas moins un de nos parents véritables.

Il y a peut-être 100 000 ans et certainement plusieurs dizaines de milliers d'années, l'Amérique est conquise à son tour par des chasseurs traversant à pied sec le détroit de Behring émergé; il y a 40 000 ans, ce sont la Nouvelle-Guinée et l'Australie alors réunies qui reçoivent leurs premiers habitants, cette fois nécessairement navigateurs puisque ces terres sont séparées des zones peuplées par au moins 70 kilomètres d'eaux profondes. Et puis, entre 6 000 ans et le dernier millénaire, ce sont toutes les îles de la Micronésie, de la Polysénie, la Nouvelle-Zélande et Madagascar qui peu à peu sont colonisées. P. Bellwood nous fait participer à cette dernière conquête du monde par ces marins habiles qui, à certaines époques, sont parvenus à se déplacer de mille kilomètres d'océan par siècle.

Revenus en Europe où nous avions laissé Cro-Magnon à son arrivée du Levant, nous allons y revivre une vingtaine de milliers d'années de vie quotidienne, chasse, pêche, cueillette, activités techniques et artistiques courantes ou exceptionnelles, grâce à l'analyse exemplaire de quatre sites, Lascaux en France, la Riera en Espagne, Meer en Belgique et le mont Sandel en Irlande, grâce aussi à la plume de neuf auteurs, Arlette Leroi-Gourhan pour le premier, Lawrence-Guy Straus, Geoffrey Clark, Jesus Altuna et Jesus Ortea pour le second, Francis Van Noten, Daniel Cahen et Lawrence Keeley pour le troisième, P. Woodman pour le dernier. L'Homme est alors de notre espèce et son intérêt biologique s'efface par suite peu à peu devant celui de sa vie « culturelle ». Son équipement technique se diversifie en effet de façon spectaculaire tandis que ses préoccupations métaphysiques se compliquent et qu'apparaît chez lui un souci esthétique. Chacune de ces quatre recherches, par la rigueur de ses démarches, est en même temps un exemple des incroyables progrès réalisés par la préhistoire; la fouille par décapage des sols, l'inventaire de l'environnement sédimentaire et biologique, le remontage des matériaux de taille, le recours à la microscopie, à la spectrométrie, à l'analyse chimique quand ces techniques peuvent préciser certains détails, fournissent des informations qui forcent l'admiration. On connaît désormais la palette vieille de 17 000 ans des artistes de Lascaux, leur trousse à outils, les lampes qui les éclairaient, les échafaudages qui les portaient et même la nature de leurs repas sur place; on assiste à l'évolution des mœurs et des goûts des Solutréens et des Magdaléniens de la côte cantabrique tandis que se transforme le climat, que croît leur démographie et que s'améliorent leurs techniques. On dessine, comme si on en avait retrouvé la photographie, le plan du village flamand de Meer, il y a 9 000 ans, avec ses zones domestiques, ses aires de débitage de la pierre, de travail du cuir, d'artisanat fin ou plus grossier sur os et bois de cerf, tandis que l'on remonte les huttes de même âge des premiers habitants de l'Irlande.

(...) A partir d'un site, à partir d'un fossile, à partir d'une méthode, chacun de ces articles raconte ainsi, avec clarté et enthousiasme, un segment plus ou moins long de l'histoire universelle; cette préface s'est efforcée de relier entre eux tous ces segments pour donner au lecteur le fil de leur enchaînement. Il ne restera à l'heureux lecteur, que je fus moi-même quelques jours en changeant de bord le temps d'une préface, qu'à se laisser fasciner par le déroulement sans cesse novateur de l'évolution biologique ou culturelle et se laisser entraîner par la logique admirable du raisonnement scientifique. Ceux qui liront après moi cet ouvrage auront, j'en suis sûr, un grand moment de bonheur.

Depuis 35 millions d'années, encore...

A la mémoire de François Bordes, Juan Comas, Louis Leakey et John Napier, disparus depuis la parution de leurs textes.

(...) La question « D'où venons-nous ? » est celle que les Hommes se posent depuis qu'ils sont conscients. Il n'est que de voir l'intérêt qu'y portent tous les publics de tous les pays du monde pour prendre conscience de l'universalité du langage de la recherche des origines ; ces ossements souvent brisés et ces pierres quelquefois taillées qui le composent paraissent, en effet, contre toute attente, parler à tous ; mais, comme pour l'Art, cette relation directe est évidemment celle de l'émotion ; il nous faut ajouter ici celle plus complexe mais tout aussi séduisante de la raison.

Dans la classification des êtres vivants, l'Homme est placé dans le monde animal parmi les Vertébrés, au sein des Vertébrés parmi les Mammifères et au sein des Mammifères parmi les Primates ; or cet ordre hiérarchique de « rangement » se trouve être, dans une perspective évolutionniste dont Louis Leakey et Vanne Morris Goodall exposent l'historique, l'ordre de succession des êtres, le sens de leur filiation. L'apparition de la vie remonte en effet à 4 milliards d'années, celle des Vertébrés à 500 millions d'années, celle des Mammifères à 200 millions d'années, celle des Primates à 70 millions d'années. Et l'ensemble de cette histoire constitue un arbre immense, aux branches plus ou moins longues, plus ou moins ramifiées, mais toutes rattachées aux mêmes racines. La vie est continue et les êtres vivants se transforment les uns en les autres en un formidable enchaînement qui constitue sans doute le phénomène biologique le plus extraordinaire que la science ait eu à constater et cherche encore à expliquer (figure 1).

L'histoire se poursuit bien entendu au sein des Primates. Pendant les premières dizaines de millions d'années de son existence, ce monde des singes, dont les survivants actuels sont, par exemple, les lémuriens ou les tarsiers, reste primitif. Mais un beau jour, d'il y a 40 millions d'années, apparaissent des formes plus évoluées, plus grandes, au cerveau plus développé, à la vue meilleure ; certaines d'entre elles vont migrer en Amérique du Sud, d'autres se développer en Afrique. Notre itinéraire est évidemment passé par certaines de ces branches primitives avant de s'engager du côté africain de la dernière bifurcation. Et même si, durant les derniers millions d'années qui restent à parcourir, des événements paléogéographiques font que cette histoire va parfois s'élargir à l'ensemble des trois continents de l'Ancien Monde, on peut dire que l'essentiel si ce n'est la totalité de notre aventure, se déroulera désormais en Afrique.

L'Égypte est la première région de ce continent qui réponde à notre quête : c'est là que John Napier choisit de commencer son récit; des couches géologiques de 30 à 40 millions d'années livrent les premiers Primates évolués, Aegyptopithèque, Propliopithèque, qui amorcent l'histoire des Hominoïdés dont nous faisons partie; en descendent, en effet, ces Proconsuls du Kenya et de l'Ouganda à l'allure de Chimpanzés ou de Gorille qui, lorsque le radeau qu'est le continent africain aborde celui de l'Eurasie, il y a 17 millions d'années, se répandent à travers l'Europe et l'Asie sous le nom de Dryopithèques. Puis ces derniers, arboricoles comme leurs ancêtres, vont s'habituer peu à peu à vivre et à se nourrir à terre; une évolution du climat ayant entraîné une réduction du nombre des arbres va les y contraindre, et c'est ainsi qu'apparaîtront les Ramapithèques en qui nous avons voulu si longtemps voir nos ancêtres. Comme John Napier, William Howells choisit *Ramapithecus* pour aïeul. En 1972, date de leurs articles, ce fossile avec sa petite canine, ses molaires à émail épais et sa face raccourcie, apparaissait, en effet, comme un de nos ascendants probables. Il semble aujourd'hui que son adaptation et celle de notre ancêtre véritable ne furent que des réponses identiques au même changement de milieu et qu'ils aient réalisé tous deux ce que l'on appelle une évolution parallèle. Ce serait un de ses cousins africains, *Kenyapithecus*, ou un de ses ascendants encore inconnu, qui serait ancêtre commun des Panidés et des Hominidés; c'est lui qui aurait engendré, d'une part, Gorilles et Chimpanzés, et d'autre part, Australopithèques et Hommes (figure 2).

Mais tous les Australopithèques ne sont pas à l'origine d'*Homo habilis*, le premier Homme. En fait, une lignée compliquée comme celle des Australopithèques, puisqu'elle est composée d'une espèce gracile, d'au moins deux espèces robustes et qu'elle s'est agrandie récemment d'une forme très ancienne appelée *afarensis*, peut à la fois engendrer l'Homme et n'en poursuivre pas moins une évolution propre aboutissant ici par exemple à cette forme extrêmement spécialisée *(Zinjanthropus)* qui ne peut, en effet, être notre ancêtre. Un des Australopithèques n'en demeure donc pas moins sur notre route.

Grand spécialiste des outillages les plus anciens, François Bordes est le cinquième auteur de ce livre. De l'Australopithèque à l'*Homo sapiens*, de la cueillette pratiquée par le premier aux frontières de la sédentarisation abordées par le second, il nous fait ici parcourir 3 millions d'années de vie quotidienne, artisanat, habitat, habillement, nourriture, croyances. En même temps que la démarche déductive et comparée du préhistorien, nous y apprenons d'innombrables détails fascinants sur le comportement de ces hommes si souvent présentés comme des « brutes ». Leurs techniques de taille de la pierre, par exemple, apparaissent comme étonnamment élaborées, tout à fait adaptées à la destination de la pièce en cours d'aménagement; après avoir percuté la pierre avec une autre pierre, l'Homme apprend à frapper avec un bois ou une corne plus tendre puis à intercaler un objet entre la pierre à tailler et le percuteur avant d'inventer la pression et découvrir pour finir l'intérêt de chauffer les matériaux pour rendre cette pression encore plus précise.

Vsevolod Iakimov s'attaque courageusement au problème de l'origine unique ou multiple de l'Homme moderne et à celui de ses variations que l'on appelait « raciales »; et il démontre de manière tout à fait convaincante à la fois le monocentrisme de l'origine de cette espèce qu'est l'*Homo sapiens* et l'existence de tous les intermédiaires désirables entre tous les groupes humains de la terre rendant du même coup caduc le terme désuet de race.

Juan Comas pose l'intéressant problème de la conquête de l'Amérique, 40 000 ans estime-t-il avant Christophe Colomb. D'un certain nombre d'itinéraires proposés pour cette première pénétration de l'Homme dans le nouveau monde, il retient plutôt, mais avec prudence, celui du détroit de Behring émergé; dix années se sont écoulées depuis la rédaction de cet article, mais elles n'ont que peu changé sa conclusion; certains auteurs, plus audacieux, parlent d'un peuplement de plus de 100 000 ans [1] au lieu de 40 000, mais tout le monde admet que l'essentiel de cette immigration s'est faite par la Sibérie, la Behringie et l'Alaska.

André Leroi-Gourhan enchaîne avec une préoccupation nouvelle des Hommes préhistoriques d'Europe des derniers 40 000 ans, l'Art. Bien qu'immédiatement en possession de toutes les techniques qui lui sont nécessaires, l'artiste paléolithique va évoluer considérablement dans ses styles, ses rendus, ses inventions; reflet de son évolution biologique, notamment du développement de son langage, mais reflet aussi de la complication de l'organisation de sa société, cette figuration du symbole et sa progression sont un élément particulièrement riche d'informations sur la vie et, dans une certaine mesure, la pensée de ces ancêtres.

Enfin Joseph Ki Zerbo évoque l'incroyable richesse de l'Art néolithique africain, de 9 000 ans à parfois quelques siècles, du sud-oranais au Lesotho, de la Mauritanie à l'Éthiopie, à travers les fameux massifs sahariens du Tassili, du Fezzan, de l'Aïr, du Tibesti, de l'Ennedi et leurs centaines de milliers de gravures et de peintures. C'est, dit-il, l'édition illustrée du premier livre d'Histoire de l'Afrique.

Cette sélection d'articles donnera, nous le souhaitons, au lecteur cette impression de l'immensité des temps géologiques, de la lente et longue transformation des êtres vivants au gré des fantaisies du climat, de la température, du paysage et de l'ingéniosité du phénomène évolutif inventant chaque fois des solutions nouvelles aux nouveaux problèmes posés; d'étape en étape, il pourra assister au modelage progressif du corps du Primate, de l'Anthropomorphe, de l'Homme et puis de l'Homme moderne, à sa longue genèse africaine et à son extraordinaire conquête du monde, à la patiente acquisition de ses techniques artisanales, puis artistiques, à l'aménagement de son habitat, à l'enrichis-

---

1. Écrit en 1985; en 1987, des chercheurs français et brésiliens ont annoncé la découverte au Brésil de pierres taillées qui pourraient avoir 200 000 à 300 000 ans.

sement de son comportement, à l'élaboration de sa pensée. Huit des meilleurs spécialistes du monde entier de six nationalités différentes y ont, en effet, mis toute leur compétence pour raconter, chacun à leur tour, ce qu'ils savent le mieux de la plus belle histoire du monde.

Quelles sont les grandes conclusions qui se dégagent de ces panoramas?

La première est incontestablement l'idée que l'histoire de l'Homme s'enracine profondément dans celle du monde animal; bien que le processus de l'évolution ne s'explique pas encore de façon tout à fait satisfaisante, il n'y a plus aujourd'hui en effet de biologistes à mettre en doute ce principe de filiation de tous les êtres vivants (figure 1). Le développement des pratiques de datations, relatives et absolues, a permis en outre de situer l'origine du genre *Homo*, de l'Homme proprement dit, aux alentours de 3 à 4 millions d'années, celle de la famille des Hominidés vers 8 millions d'années et celle de la superfamille des Hominoïdés à au moins 35 millions d'années.

La seconde grande conclusion, acquise celle-là non seulement par la paléontologie et l'anatomie comparée mais aussi par des disciplines récentes telles que la biologie moléculaire et la cytogénétique, est que les Hommes et les Grands Singes africains, Gorilles et Chimpanzés, sont des cousins extrêmement proches; dans la perspective évolutive évoquée précédemment ceci veut dire que Gorilles, Chimpanzés et nous-mêmes partageons bien évidemment des ancêtres communs (figure 2).

La troisième grande conclusion, dérivant des deux autres, est que l'Homme, comme tous ses ascendants et ses cousins Primates, est d'origine tropicale; il y a d'ailleurs toutes les chances pour que les 35 derniers millions d'années de son itinéraire se soient déroulés en Afrique et pour que le berceau du genre *Homo* lui-même soit cette province étroite située entre la Rift Valley et l'Océan Indien. Son expansion à l'ensemble du monde, démontrant d'ailleurs des qualités exceptionnelles d'adaptation, est un phénomène dont le début ne remonte qu'à 2 à 3 millions d'années.

Une autre conclusion essentielle est encore la mise en évidence de l'origine unique de l'Homme. Le genre humain n'est pas apparu en plusieurs endroits de la planète; il s'est peu à peu modelé en un seul lieu de quelques milliers de kilomètres carrés, occupé aujourd'hui par l'Éthiopie, le Kenya et la Tanzanie. Tous les hommes de la Terre partagent donc la même origine, la même population ancestrale, tropicale et est-africaine.

Et une cinquième conclusion, et qui n'est pas des moindres, est de constater que si ce n'est pas, bien sûr, l'environnement qui a fait l'Homme, c'est peut-être bien, en tout cas, l'environnement qui a sélectionné l'Hominoïdé et puis l'Hominidé et enfin l'Homme. Les traits qui nous caractérisent, y compris les plus nobles, le redressement de notre corps, la transformation de notre appareil masticateur en un outil capable de manger de tout, l'accroissement sans précédents de notre cerveau, la complication de l'organisation de notre société, l'établissement consécutif de communications plus élaborées entre ses membres, l'invention de l'aménagement de l'outil, prolongement de notre corps, peuvent être en effet interprétés comme des réponses à un milieu qui s'assèche mettant l'Hominidé à découvert (figure 4).

Et toute la préhistoire racontera comment, à partir de ces incidents naturels, s'est peu à peu construit, très lentement d'abord, puis à des vitesses accélérées, l'Homme conscient dont l'outil et le langage se sont développés au point d'atteindre la place qu'ils occupent aujourd'hui, permettant à cet Homme désormais libre mais responsable que nous sommes, d'intervenir à son tour, sur l'environnement et, qui plus est, d'intervenir sur sa propre biologie, sur sa propre destinée.

Depuis 10 millions d'années

L'Homme est un être vivant; il est donc soumis aux lois qui régissent le monde de la vie et notamment à celle de l'évolution.

Mais l'Homme n'en est pas moins le premier être vivant à avoir atteint un degré de réflexion tel qu'il s'est peu à peu enveloppé dans un tout autre monde, celui de la pensée. Ce sont quelques chapitres de son histoire que nous avons voulu aborder dans ces conférences : ceux qui racontent le temps où les Hominidés, lorsqu'ils n'étaient pas encore des Hommes, répondaient à la seule pression de l'environnement naturel, puis ceux où ces Hominidés, devenus des Hommes à part entière, se révélaient échapper progressivement à cette pression pour tomber sous l'influence tout aussi importante mais totalement différente de l'environnement culturel qu'ils venaient de créer.

Les disciplines qui ont pour objet la reconstitution de ce passé et qui se nomment paléontologie, paléoanthropologie ou préhistoire suivant l'époque ou le sujet abordé, vivent depuis un quart de siècle un extraordinaire développement. Les multiples recherches entreprises depuis les années 60 à travers le monde, tant en laboratoire que sur le terrain, ont considérablement éclairé la compréhension du déroulement de notre histoire, mais ont soulevé du même coup beaucoup d'autres problèmes, toujours en cours de discussion.

Un accord s'est cependant réalisé sur un certain nombre de points : les êtres vivants les plus proches des Hommes sont incontestablement les Panidés, c'est-à-dire les Grands Singes africains; Hominidés et Panidés partagent donc certains ancêtres; les Hominidés sont des êtres bipèdes d'origine tropicale, de régime végétarien et de paysages découverts; c'est à partir de cette origine, qui semble bien unique, qu'ils se sont répandus à travers l'ancien monde d'abord, le nouveau monde ensuite; les Australopithèques du Pliocène et du Pléistocène ancien d'Afrique de l'Est et du Sud, sympatriques des premiers Hommes, en sont, par ailleurs, si proches anatomiquement et chronologiquement, qu'il est difficile de ne pas les considérer comme leurs ancêtres immédiats, c'est-à-dire les nôtres; quant à l'évolution de l'Homme proprement dit, elle apparaît comme une évolution tout à fait continue; celle de sa technologie également (...).

Les premiers Hominidés

Voici encore un très beau livre de Richard Leakey, encore un livre qui ne se lasse de raconter cette histoire extravagante d'un être qui, en quinze millions d'années, se rend maître du monde. Et dire que ce vieux rêve des hommes est notre propre histoire!

Petits singes arboricoles, friands de fruits et de jeunes pousses, nous nous sommes un beau jour risqués hors de l'ombrage des forêts pour goûter aux baies et aux graines des clairières [1]. Et l'aventure nous plut au point que nous nous fixâmes dans ces paysages plus éclairés où la vue est imprenable. Le corps tendu sur les pattes de derrière, l'idée nous vint alors de libérer la moelle d'un os en le brisant avec une pierre, et le résultat fut si convaincant que nous adoptâmes définitivement la méthode. Puis les vicissitudes du climat qui n'était plus ce qu'il avait été, le goût grandissant des jeunes générations pour la chasse et la bougeotte firent que nous nous lançâmes dans la reconnaissance de nouvelles terres; c'est ainsi que peu à peu nous apprîmes à connaître le monde et à contrôler, de manière d'ailleurs quelque peu désordonnée, tout ce qui l'habitait. Et nous en sommes à peu près là de notre belle histoire; l'outil s'est amélioré, la connaissance du milieu, développée, mais nous poursuivons toujours la recherche de ce que nous sommes.

Il faut que les milliards d'hommes qui peuplent aujourd'hui la terre entendent cette histoire, qu'ils apprennent que notre origine plonge dans le temps et dans le monde animal, qu'elle est la même pour tous et qu'elle est tropicale; que notre réussite est une adaptation à un environnement qui a changé et qu'il n'y a aucune prédétermination dans nos comportements agressifs. S'il est vrai que notre corps demeure soumis aux lois de la

---

1. Écrit en 1981. J'ai émis en 1982 une nouvelle hypothèse (« l'East Side Story ») : les Hominidés ne se seraient pas déplacés, c'est l'environnement qui aurait changé là où ils se trouvaient.

biologie, il est vrai aussi que nous avons acquis la réflexion, c'est-à-dire la liberté.

Ce livre est donc, bien au-delà d'un agréable raccourci très joliment illustré de la préhistoire de l'Homme, un grand message d'espoir et de fraternité. La guerre n'est pas dans les gènes; 1 % de protéines différentes et deux chromosomes de moins ont fait que l'Homme a désormais le privilège immense de pouvoir choisir, il est devenu en partie responsable de son propre avenir.

L'East Side Story

Il était une fois, il y a bien longtemps, une dizaine de millions d'années peut-être, un petit singe heureux au milieu d'une grande forêt, quelque part à l'équateur de l'Afrique. Mais soudain, la terre s'ouvrit et une longue déchirure de plusieurs milliers de kilomètres du Nord au Sud, coupa en deux la population des petits singes, séparant ceux de l'ouest de ceux de l'est de la grande faille. Comme la pluie venait le plus souvent de l'Océan Atlantique, les petits singes de l'Occident n'eurent pas trop à souffrir de l'événement : la forêt se maintint sur eux. Il n'en fut pas de même pour ceux de l'Orient. La forêt, de moins en moins arrosée, se déroba sous eux. Il leur fallut donc réagir pour survivre à ce milieu nouveau qui, en s'ouvrant, les découvrait (figure 4).

Une des premières réponses des petits singes de l'Est fut le redressement de leur corps; même s'ils continuèrent à grimper quelque temps aux arbres qui leur restaient, ils se tinrent désormais et pour la première fois de toute l'histoire de tous les singes, debout en permanence, ne marchant plus que sur leurs pattes de derrière. Du même coup leurs pattes de devant et la main qui les termine étaient rendues disponibles pour des fonctions qu'elles connaissaient depuis des millions d'années mais qu'elles n'avaient pu auparavant pratiquer librement, retenues qu'elles étaient par des tâches de locomotion.

Une autre réponse importante qui fut aussi une réponse précoce, fut la transformation qualitative d'abord, quantitative

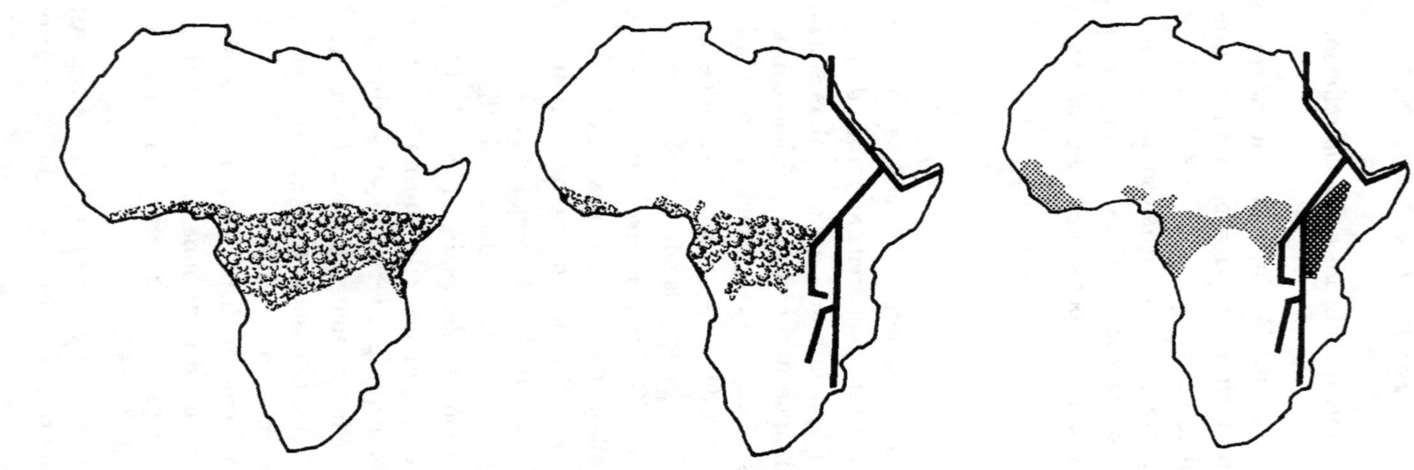

FIGURE 4. L'East Side Story.

A gauche : l'extension de la forêt équatoriale, niche écologique des ancêtres communs des Chimpanzés et des Hommes, il y a 10 millions d'années. *Au centre* : le retrait de la forêt à l'Ouest de la faille qui vient de s'ouvrir tandis que l'Est s'élève et se découvre. *A droite* : répartition (en grisé) des Chimpanzés, à l'Ouest, et (en plus sombre) de tous les plus vieux Hominidés du monde, à l'Est.

ensuite du système nerveux central et plus particulièrement du cerveau de ces petits singes de l'Est. Les proportions des lobes changèrent, la densité de leur irrigation aussi, et puis le volume se mit à croître d'une manière jamais atteinte par aucun autre organe dans aucun autre groupe de singes, de mammifères et même de vertébrés.

Bien que la tendance au développement du système nerveux ait été également un trait évolutif commun à l'ensemble de l'embranchement, son développement parut ici tout à coup se donner libre cours; 2 millions d'années lui firent multiplier par 4, parfois par 5, son volume et son poids.

Et la complexité du cerveau fit la conscience qui commanda la main dont l'habileté fit l'outil.

Mais l'outil ne se contenta guère longtemps d'être le simple prolongement réfléchi et actif de la patte antérieure devenue membre supérieur. Il diversifia ses formes et ses matériaux parce qu'il multiplia ses fonctions et quitta bientôt son support pour vivre sa vie propre. Il se fit aussi bien écriture que musique, médecine que photographie, ou même tentative de reconstitutions de son propre passé, et sa croissance devint envahissante au point qu'elle interféra rapidement sur la biologie dont elle ralentit l'évolution, en répondant désormais bien avant elle à chacune des nouvelles sollicitations du milieu.

« Le cerveau, la main, l'outil », sujet essentiel, donc, qu'ont choisi cette fois, Claude Grizard et la Maison des Expositions de Bry-sur-Marne, puisqu'il représente la raison même de notre existence; un événement tectonique entraîne une transformation écologique qui provoque une sélection naturelle au sein d'une petite population de Primates; bipédie et gros cerveau s'avèrent représenter les avantages qui conviennent le mieux à la survie du groupe dans ce nouveau milieu. Réflexion et outils vont en être à plus ou moins long terme les produits, eux-mêmes à l'origine du développement d'un véritable environnement nouveau que l'on nomme culturel et qui va agir sur l'Homme lui-même et son environnement naturel.

En d'autres termes, l'environnement naturel fait l'Homme qui à son tour fait l'environnement culturel qui en retour maîtrise la nature.

Les dix mille « mille et une nuits »

(...) Sans oublier d'en rappeler la continuité, le musée d'Évreux en a fait deux expositions successives; il y a quelques mois, la Terre, aujourd'hui, l'Homme. Chaque segment de cette histoire est un conte merveilleux en soi. On pourrait peut-être appeler celui qui fait l'objet de cette présentation : les dix mille « mille et une nuits ». Il était une fois, il y a 10 millions d'années en effet, un petit singe heureux dans une grande forêt, à l'équateur de l'Afrique. Et puis à peine 2 millions d'années plus tard, son territoire se brisa; l'une des deux parties resta couverte tandis que l'autre se découvrit. Ce furent donc ses descendants habitant cette dernière partie qui durent se transformer pour survivre. Ils adoptèrent, sélection naturelle oblige, la station debout, le cerveau plus gros, les dents à manger de tout, ils inventèrent l'outil, organisèrent leur société et, parce que leur larynx était descendu pour leur permettre de mieux respirer dans un climat plus sec, ils découvrirent ce moyen magique de communication, le langage. D'un accident de la Terre, d'une crise climatique consécutive, en un mot de la difficulté, notre famille était née (figure 4). 5 millions d'années durant, elle va vivre là, au creux de ce jardin parfumé qu'est la savane, entre la vallée profonde du Rift et l'Océan Indien. Et puis son mode de vie de chasseur va la rendre plus curieuse, plus mobile, plus conquérante et nos ancêtres vont peu à peu, à la recherche de nouveaux gibiers, se risquer au-delà des frontières de leur berceau et de proche en proche, de territoire de chasse en territoire de chasse, conquérir en 3 millions d'années l'ancien monde d'abord, le nouveau ensuite, l'univers enfin. Tandis que l'Homme s'étend et s'accroît, se multiplie et conquiert, on assiste à la transformation douce de son anatomie (son cerveau passe de 400 cm^3 à 1 400 cm^3), au progrès fulgurant de sa technologie (percuteur dur et percuteur tendre, éclat et lame, feu et nucléaire, poterie et métallurgie) et au développement éblouissant de sa réflexion, conséquence de l'un et cause de l'autre, puis dans une certaine mesure et de plus en plus, conséquence aussi de l'autre quand bascule, au profit du second, l'équilibre inné-acquis (figure 5); d'abord soumis au seul milieu naturel, l'Homme deviendra en effet soumis au milieu nouveau qu'il a créé et que l'on nomme culturel au point que ce dernier agira de plus en plus en retour sur la nature elle-même, la nature de l'Homme y compris. L'Homme n'est-il pas en train d'acquérir la maîtrise de son environnement en attendant de contrôler lui-même, au moins en partie, sa propre évolution.

N'est-ce pas la plus belle des histoires et ne rejoint-elle pas, dans la même cosmogonie, le plus beau des mythes d'origine? Sa Majesté feu l'Empereur d'Éthiopie, Haïlé Sélassié Ier, le Roi des Rois, ne s'y était pas trompé lorsqu'il avait placé en 1967, il y a vingt ans, ma première expédition sur son territoire, sous la jolie tutelle de son ministère de la Chronique impériale, et qu'il m'avait, de manière à la fois très solennelle et très paternelle, un beau jour de 1970, dans son palais d'Addis-Abeba, chargé aussi d'en écrire la première page.

Voici 3 millions d'années, l'Homme...

(...) Les gisements de l'Omo illustrent les 4 derniers millions d'années et s'inscrivent dans une chaîne de grands gisements, alignés du Sud au Nord, sur 2 000 kilomètres de faille, à travers la Tanzanie, le Kenya et l'Éthiopie : ces grands gisements, qui ont tous acquis leurs lettres de noblesse durant la dernière décennie, se nomment Olduvai, Laetoli, Baringo, Kerio, l'Est Turkana, l'Omo, Melka Kunturé, l'Afar, et leurs héros, Leakey – père, mère et fils – Bishop, Patterson, Arambourg, Howell, Chavaillon, Taieb, Johanson, Coppens.

Mais parmi tous ces grands gisements, l'Omo a eu et conserve une place privilégiée.

Privilégié sur le plan historique, puisque c'est le plus anciennement connu de ces gisements. Il fut, en effet, découvert au début du siècle, en 1902, par l'expédition française du vicomte du Bourg de Bozas, puis exploité dès 1932, par la mission scientifique de Camille Arambourg, enfin repris en 1967, par une expédition internationale dont le CNRS soutint la part française que dirigeaient Camille Arambourg, alors âgé de 82 ans, et moi-même. Camille Arambourg est mort deux années plus tard, en 1969, après trois campagnes à l'Omo; il avait 84 ans, presque 85. Je tiens à saluer ici, avec beaucoup de déférence et d'admiration, sa mémoire.

L'Omo a aussi une place privilégiée sur le plan scientifique puisque c'est le gisement le plus puissant de tous : plus de 1 000 mètres d'épaisseur de couches.

Privilégié encore parce que ces 1 000 mètres, normalement inaccessibles sans sondages, ont basculé, exposant ainsi la tranche de toute la séquence.

Privilégié toujours parce que, composé de sédiments meubles et de cendres volcaniques dures, l'érosion différentielle a débité les 1 000 mètres de dépôt en un monumental escalier d'une douzaine de marches, compartimentant naturellement en chapitres ce grand livre. C'est, suivant l'expression du doyen Balout, une édition de luxe – chaque chapitre est séparé du précédent et du suivant par une couverture –.

Privilégié parce que ces archives contiennent tous les éléments nécessaires à la reconstitution de l'histoire des 4 millions d'années que représente le dépôt : les vertébrés fossiles (j'en ai récolté 50 tonnes en 8 ans); les mollusques; les bois; les pollens; mais aussi les Hommes fossiles, qui se trouvent être les premiers Hommes et leurs outils, qui se trouvent être les premiers outils.

Privilégié, enfin, parce que cette exceptionnelle richesse fossilifère, l'abondance et la large répartition des niveaux volcaniques, jointes à l'extraordinaire continuité du dépôt, ont permis un véritable étalonnage sans précédent : les gisements de l'Omo sont gradués par la biochronologie, par la radiochronologie, par la magnétochronologie. Tous les travaux actuels dans les disciplines des sciences de la Terre, en Afrique et ailleurs, en ce qui concerne cette période de 4 millions et demi d'années à 500 000 ans, se réfèrent aux échelles fournies par l'Omo. On peut parler désormais de l'*Omo étalon*, du kilomètre étalon. Il faudrait qu'on le dépose, tel le mètre, au pavillon de Breteuil à Sèvres ou au Conservatoire national des Arts et Métiers.

Si l'Omo n'est pas le gisement le mieux conservé, il demeure donc néanmoins le plus épais, le plus complet, le mieux exposé, le mieux gradué.

L'apport scientifique des travaux de ces grands gisements est-africains est de deux sortes.

Sur le plan de la méthode, on peut dire, après dix ans, que l'importance des moyens et des personnels que nous avons mis en œuvre, grâce, en partie, au CNRS, l'effort de précision que nous avons développé, dans une très large multidisciplinarité internationale, que la mission française de l'Omo a été d'ailleurs la seule à agrandir aux Sciences biologiques et aux Sciences humaines, ont véritablement *changé le style des recherches paléontologiques* en lui donnant une dimension nouvelle avec un bilan en conséquence : 200 000 ossements fossiles, un millier de restes humains, plus en ces dix dernières années que pendant le siècle qui les a précédées.

Enfin sur le plan des résultats, nous avons appris que l'Homme était très ancien, 3 à 4 millions d'années, 4 fois plus ancien qu'on ne l'imaginait il y a dix ans; qu'il devenait très vite bipède, omnivore, chasseur, qu'il s'organisait en petites sociétés qu'il établissait sur des aires privilégiées sur lesquelles il n'allait pas tarder à construire ses premières habitations; nous avons également appris que dès 3 millions d'années, au moins, il avait maîtrisé l'aménagement de l'outil en pierre et en os qu'il essayait, adoptait, enseignait, améliorait.

L'Omo et l'origine de l'Homme,
Melka Kunturé et l'évolution de l'outil

(...) J'ai été durant mes trente-deux années de carrière un homme de terrain. Et c'est sur le terrain que l'on perçoit véritablement cette dimension que l'on appelle quatrième : le temps.

Les disciplines que je pratique sont assurément des disciplines historiques; que l'on cherche à reconstituer le déroulement de la vie et du climat entre 8 millions et 7 millions d'années ou entre le XVIIe et le XVIIIe siècle, on fait de l'histoire. Il se trouve seulement que lorsque l'histoire est culturelle mais pas écrite, elle se nomme archéologie ou préhistoire et lorsqu'elle est biologique, elle porte le nom de paléontologie, agrémenté parfois de l'adjectif animal, végétal ou humain, la paléontologie humaine pouvant aussi s'appeler paléoanthropologie. Nos archives sont donc dans le sol ou sont même souvent le sol lui-même. N'ayant pas de textes, il nous faut lire l'ordre d'empilement des couches, leur nature, leur puissance, leur structure, leur étendue, leur contenu.

J'ai, par exemple, travaillé dix ans, de 1967 à 1976, dans un grand bassin sédimentaire, celui de la basse vallée du fleuve Omo, à la limite de l'Éthiopie, du Soudan et du Kenya. Ce bassin avait vu, en fonction de l'histoire climatique et tectonique de la région ou du globe, passer ou s'établir quelque temps, des rivières, des fleuves, leurs deltas, des marécages, des lacs, des plaines d'inondations, des dunes, etc. Ces divers paysages avaient évidemment laissé des traces, des sables, des graviers, des limons, des marnes, des argiles. Mais comme le socle dans lequel était creusé le bassin était fragile, il s'était enfoncé sous le poids de ces sédiments. Alors de nouvelles rivières, de nouveaux fleuves, de nouveaux deltas, de nouveaux marécages, de nouveaux lacs sont venus s'installer dans ce nouveau bassin effondré; ils y ont laissé de nouveaux sédiments qui ont fait s'enfoncer encore davantage ledit bassin. Et après plusieurs phénomènes de subsidence de la sorte, plus d'un millier de mètres de sédiments s'est trouvé ainsi déposé.

Je n'aurais eu accès qu'au dernier de ces dépôts formant la surface si, par bonheur, des mouvements tectoniques ne s'étaient produits, mouvements qui firent basculer la tranche de 1 000 mètres tout entière, me donnant accès à l'ensemble de l'ouvrage. Comme ces couches contenaient ossements, coquilles, bois, pollens, pierres taillées, c'était toute l'histoire de la région pendant la durée du dépôt qui apparaissait ainsi, merveilleusement illustrée. Durant ce temps, plus d'une centaine d'éruptions volcaniques avaient projeté laves et cendres sur la région, réalisant autant de tufs et de basaltes interstratifiés dans l'ensemble du dépôt. Comme ces niveaux contenaient des ponces qui contenaient des cristaux qui contenaient du potassium radioactif né le jour de l'éruption correspondante, il devenait possible d'obtenir pour chaque niveau volcanique un âge et d'étalonner de manière absolue toute cette belle pile d'archives : il se trouvait qu'elle avait un peu plus de 4 millions d'années en bas, un peu moins de 1 million d'années en haut et qu'elle racontait donc l'histoire de 3 presque 4 des 4 presque 5 derniers millions d'années dans cette région du monde.

J'ai pu y voir vivre nos ancêtres immédiats, les Australopithèques, avant qu'ils ne soient des Hommes : ils étaient petits, ils marchaient debout mais grimpaient encore aux arbres, ils étaient végétariens et s'essayaient, dès 3 millions d'années, à la taille de la pierre et de l'os.

Et puis j'y ai vu s'abattre, progressivement avant 3 millions d'années et brutalement à 2 500 000 ans, une sécheresse dramatique, affectant de façon effroyable plantes, bêtes et gens. La savane perdit ses arbres et la prairie s'étendit, parfois même remplacée par le désert. Certains animaux, comme le Mastodonte, ne parvinrent pas à supporter la crise et s'éteignirent. D'autres, comme les Éléphants, les Rhinocéros, les Cochons, transformèrent leurs dents, les faisant plus grosses, plus solides, plus compliquées, pour les adapter à une nourriture plus dure. D'autres encore, comme les Antilopes de brousse, les Tragélaphes, les Impalas, les Buffles ou les Écureuils arboricoles migrèrent et furent remplacés par les Antilopes de steppes, les Alcélaphes, les Oryx, les Gazelles ou les Gerboises fouisseuses. D'autres, enfin, comme le Cheval, parfaitement adapté à courir, ou le Phacochère, parfaitement adapté à « brouter », naquirent.

Et notre famille trouva généreusement deux réponses à la situation : deux Hominidés nouveaux apparurent : un Australopithèque, comme les précédents, mais beaucoup plus grand pour se défendre et avec une extraordinaire mâchoire à moudre les végétaux les plus coriaces qui poussaient encore – il s'appelle l'Australopithèque robuste. Et, pour la première fois, l'Homme, avec un gros cerveau et une mâchoire à manger de tout. Nous donnons ainsi l'impression, nous, les Hommes, à la fois modeste et brillante, de naître de la difficulté, il y a 3 à 4 millions d'années, quelque part en Afrique orientale et l'impression philosophiquement particulièrement importante que, s'il n'y avait pas eu cette difficulté, nous n'aurions pas eu de raison de naître.

J'ai par exemple encore travaillé seize ans, de 1965 à 1981, pour la mission de Melka Kunturé, au bord du fleuve Awash, à 2 000 mètres d'altitude, sur le plateau éthiopien; j'y étais le paléoanthropologue d'une équipe dirigée par mon ami Jean Chavaillon. Les dépôts sédimentaires étaient ici d'une autre origine que dans le bassin de l'Omo; c'était le fleuve Awash qui, en creusant son lit, avait laissé des terrasses et des plages sur lesquelles, aux temps de décrues, s'étaient installés les Hommes, et ceci durant les 2 derniers millions d'années.

C'est à Melka Kunturé que j'ai appris l'évolution biologique, technologique et comportementale de l'Homme. Prenons aujourd'hui l'exemple de son évolution technologique et admirons-la en la mesurant, comme l'a fait si brillamment mon prédécesseur au Collège de France, le professeur André Leroi-Gourhan. Il y a 2 millions d'années, quand un homme taillait un kilo de silex, il en obtenait 10 centimètres de tranchant utile, il s'appelait *Homo habilis*. Quand il y a 500 000 ans l'Homme, qui s'appelait alors *Homo erectus*, taillait un même kilo de silex, il parvenait à en sortir 40 centimètres de tranchant coupant. Quand, il y a 50 000 années, son descendant déjà *Homo sapiens*, taillait divers outils à partir du kilo de silex de référence, il réalisait 2 mètres de tranchant. Enfin lorsque l'*Homo sapiens sapiens* de 20 000 années était soumis à la même épreuve, il parvenait à extraire 20 mètres de tranchant du kilo de silex qu'on lui offrait!

Il est très impressionnant de voir ainsi l'Homme, issu comme tout être de la longue histoire du monde vivant et soumis au milieu naturel, s'en dégager peu à peu en créant ce milieu nouveau qui est le milieu culturel, milieu qui va prendre dans son existence une importance telle que c'est désormais lui qui répondra, à la place de la biologie, aux sollicitations de la nature.

Depuis qu'est apparue à l'Homme la conscience réfléchie, lui est apparue aussi une angoisse existentielle; depuis qu'il sait qu'il sait, il se pose la question de sa nature, de son origine, de sa destinée. Or il se trouve que, pas à pas, ce sont la paléontologie, la paléoanthropologie, l'archéologie, la préhistoire qui ont apporté les premiers éléments de réponses scientifiques à ces questions dont les Hommes avaient jusqu'alors tenté d'atténuer la gravité en leur offrant des réponses dogmatiques.

Je ne parle évidemment ici que de l'approche scientifique de cette question essentielle, approche qui est une parmi d'autres; je pense, par exemple, à l'art, à la poésie, à la contemplation, etc.

Quelle extraordinaire découverte que celle de la continuité de la matière astrale à la matière terrestre, de cette matière à la vie, de la vie à l'Homme. Quelle fascinante histoire que celle de l'évolution des êtres se transformant chaque fois qu'une adaptation s'impose depuis presque 4 milliards d'années. Quelle troublante révélation que celle de notre incontestable et si proche parenté avec Gorilles et Chimpanzés. Quel dénouement stimulant que celui de la mise en évidence de l'origine unique, tropicale, africaine, des 5 milliards d'Hommes de la planète.

Nous nous découvrons soudain et avec émerveillement enfants des étoiles, êtres vivants à part entière soumis à toutes les lois biologiques, cousins des Grands Singes et partageant tous la même durée d'histoire.

Je sais qu'au temps de la naissance de l'université de Bologne comme à celui de la fondation de celle de Paris, un seul de ces propos aurait suffi à me faire brûler en place publique.

Et pourtant cette manière élégante et nouvelle dont se dessine l'histoire du monde et des Hommes n'apparaît-elle pas au contraire comme une extraordinaire leçon d'humilité et de grandeur. Car si l'Homme participe en effet de la même filiation que tous les êtres vivants qui existent ou ont existé, le degré de sa réflexion l'en distingue : l'Homme est être vivant mais il est libre et responsable.

L'Amour

En quelques centaines de millions d'années, la reproduction est passée de la duplication simple à l'intimité de la relation sexuelle et la progéniture de milliers de spécimens à quelques-uns. En quelques millions d'années, les ancêtres de l'Homme se sont déplacés de la forêt couverte et protectrice à la savane découverte et exposée [1]. Et les voici, il y a 3 à 4 millions d'années, devenus Hommes, debout, nus, chassant un peu et cueillant beaucoup, contraints de veiller sans relâche sur leurs petits, rares et vulnérables. Les liens qui se tissent alors entre la mère et l'enfant constitueront la première réponse de la sélection naturelle à ces dangers : le premier amour de l'Homme. Puis l'établissement de rapprochements émotionnels puissants entre homme et femme, facilité par l'apparition de l'orgasme chez elle en même temps que celui de sa disponibilité tout au long de l'année et par le renforcement chez lui de la pulsion sexuelle et de son urgence, représentera une seconde réponse destinée à retenir l'homme protecteur auprès de la femme et de l'enfant. Et Sydney Mellen nous entraîne ainsi dans une longue explication génétique, purement darwinienne d'ailleurs, sérieuse et docu-

---

1. Écrit en 1981. J'ai émis en 1982 une nouvelle hypothèse (« l'East side story ») : les Hominidés ne se seraient pas déplacés, c'est l'environnement qui aurait changé là où ils se trouvaient.

mentée, de la polygamie et de la ménopause, de l'homosexualité et de la beauté des femmes, de la compétition sportive et de la création des si nombreuses associations qui existent!

Même si le préfacier est loin de partager toutes les spéculations de l'auteur, il a accepté ce rôle en toute connaissance de cause, passionné par cet essai brillant sur un sujet si négligé. Il est en effet tout à fait sûr que le rôle du phénomène culturel humain, si unique dans l'histoire de la vie, a dû être considérable et croître très rapidement avec le temps; s'il n'en est pas question ici, c'est que l'auteur a délibérément souhaité que le propos de ce livre se limitât à tenter de découvrir les seules origines biologiques de l'amour humain.

Il est évident d'autre part que, pour des raisons de manque d'informations, indépendantes de la volonté de l'auteur, l'ouvrage interprète souvent le passé en y projetant la seule connaissance de l'Occident et du XXᵉ siècle. Mais de ceci aussi Sydney Mellen est parfaitement conscient.

Ceci étant dit, j'applaudis lorsque je vois l'auteur aborder les problèmes de son livre dans une solide perspective paléontologique et primatologique tout à fait à jour. On commence à savoir beaucoup de choses sur nos ancêtres, leur anatomie mais aussi leur culture matérielle, leur habitat, leur vie quotidienne, leur comportement ainsi que sur la biochimie, l'éthologie et l'intelligence des Grands Singes. Tout ceci autorise à des reconstitutions généalogiques bien meilleures et aboutit à ce que les paléontologistes et les biologistes pressentaient depuis longtemps : l'Homme et l'animal ne sont pas de nature différente et il devient de plus en plus difficile de tracer une limite entre l'un et l'autre; on a dit que cette frontière était marquée par l'outil, puis par l'outil fabriqué; on a dit aussi qu'elle l'était par la prohibition de l'inceste, par la parole, par les rites; et puis on a découvert que l'outil avait peut-être 15 millions d'années, l'outil fabriqué et la parole peut-être 3 ou 4 millions d'années et que les rites se manifestaient de manière visible dès l'*Homo erectus*, soit 1 million et demi d'années. On a découvert en même temps que le Chimpanzé utilisait l'outil de pierre ou de bois, qu'il lui arrivait de l'aménager, qu'il évitait les accouplements incestueux, qu'il apprenait de façon tout à fait inattendue le langage des sourds-muets et qu'il dansait pour fêter les premières pluies de mousson! Ceci bien sûr est presque une boutade; les caractéristiques de l'Homme ne peuvent être confondues. Mais ses attaches avec le monde animal d'où il vient se sont considérablement éclairées depuis quelques décennies de recherche.

Je tiens à joindre pour finir ma voix à celle de Sydney Mellen lorsqu'il appelle en hâte à l'étude scientifique de l'émotion à travers le monde. Cette négligence peut être bien d'ailleurs d'ordre émotionnel.

Et je conclurai, M. Mellen, en bon héritier masculin de 200 000 générations d'*Homo habilis*, d'*Homo erectus* et d'*Homo sapiens*, descendant de chasseurs dominateurs et sentimentaux, en avouant au lecteur que pour moi la beauté du monde, qu'elle soit génétique ou culturelle, c'est incontestablement celle du sourire de ses filles.

Les difficultés de reconnaître ses ancêtres

On croit savoir, aujourd'hui, que l'Homme eut une origine unique, tropicale et africaine, qu'il s'est inscrit dans l'immense arbre phylétique qui lie entre eux tous les êtres vivants, qu'il compte donc parmi ses ancêtres des organismes simples, ni animaux ni plantes, puis de nombreux Invertébrés, un certain nombre d'Agnathes, de Poissons, de Reptiles mammaliens et de Mammifères et que sa famille s'est développée de manière indépendante parce que, depuis dix millions d'années, une faille, devenue barrière écologique, l'y a contraint. On pense alors que se succèdent Préhommes (les Australopithèques) et Hommes et que ces derniers traversent les stades *habilis* et *erectus* avant de devenir les *sapiens* que nous sommes. Mais que de débats passionnés avant d'en arriver à ces déclarations loin d'ailleurs d'être partagées par tous!

Tous les mythes et les religions des Hommes avaient répondu

d'avance à la question de leur origine et de leur destinée; ainsi nourries d'idées toutes faites, les sociétés humaines qui se sont mises à réfléchir sur ces problèmes en les éclairant de l'approche scientifique ne pouvaient d'aucune manière être préparées à ce qu'elles allaient découvrir. Le bel adage anglais : « always expect the unexpected » ne fut que bien rarement appliqué, même par les savants les plus ouverts. Il était difficile d'admettre une appartenance animale, une origine simienne, un cousinage avec les chimpanzés; il n'était pas plus simple d'imaginer que nous n'avions pas toujours eu le même corps, le même visage, la même intelligence; il devenait proprement insupportable de découvrir des ancêtres qui n'avaient pas l'allure flatteuse qu'on leur avait imaginée. Aussi objectives que puissent être l'analyse des documents fossiles et leur interprétation, elles seront ainsi toujours marquées par les idées de la société qui les émet.

Lorsqu'un technicien du Bristish Museum a voulu, en 1912, jouer un mauvais tour à son patron qu'il n'aimait pas, il a glissé dans les couches fossilifères du gisement que fouillait ce dernier, à Piltdown dans le Sussex, un crâne d'Homme actuel et une mandibule d'Orang-Outan. La découverte d'un ancêtre à gros cerveau et dents de singe, conforme aux hypothèses de l'époque, n'a pas surpris. Et ce faux est devenu le type de l'*Eoanthropus dawsoni* dont la statue domine encore la petite bourgade anglaise. Il a fallu près de quarante ans pour démonter la supercherie et prendre enfin en considération dans notre ascendance l'Australopithèque à petit cerveau et dents humaines, pourtant connu dès 1924.

Notre société, qui a créé la paléoanthropologie, a donc pendant bien longtemps, plus ou moins inconsciemment, espéré trouver un ancêtre qui soit d'emblée un *Homo sapiens sapiens;* l'aspect « bestial » du Néandertal, celui du Pithécanthrope *(Homo erectus)* qui n'est pas plus attrayant et, à plus forte raison, l'allure simienne de l'Australopithèque, ont représenté un obstacle psychologique immense à l'accueil de ces Hominidés dans notre famille (le premier *Homo sapiens néandertalensis* a été découvert en 1830 à Engis en Belgique, le premier *Homo erectus* en 1891 à Trinil en Indonésie, le premier *Australopithecus* en 1924 à Taung en Afrique du Sud).

Lorsque Marcellin Boule a savamment décrit, en 1911, 1912 et 1913, le squelette de l'Homme de la Chapelle-aux-Saints, il n'a pas hésité à interpréter la morphologie de ses vertèbres cervicales, comme la preuve de la démarche « anthropoïde » de cet Homme fossile. Il a fallu que, quarante ans plus tard, Camille Arambourg, souffrant du cou, se fasse faire une radiographie pour que l'interprétation de Marcellin Boule soit remise en question et qu'apparaisse tout ce qu'elle devait aux préjugés du temps. On refusait en effet alors au Néandertal le droit de figurer dans notre lignée et l'on s'efforçait inconsciemment de lui trouver toutes les ressemblances simiennes possibles. Or la radiographie révélait que les vertèbres cervicales de Camille Arambourg étaient identiques à celles de l'Homme de la Chapelle-aux-Saints!

Au fur et à mesure que les découvertes se multipliaient, rendant chaque fois plus évidente, la nature phylétique de la succession des hommes fossiles rencontrés, la communauté scientifique, prise ainsi entre les préjugés de son éducation et l'honnêteté de la démarche logique qu'elle avait apprise, tentait de se défendre encore malgré elle de mille manières; elle multipliait les noms latins de ses fossiles, réalisant d'ailleurs ainsi un extraordinaire catalogue à la gloire de l'imagination; elle déclarait qu'il fallait changer ses lunettes de sens lorsque l'on passait de l'étude de l'animal à celle de l'Homme fossile; elle cherchait à gagner du temps en inventant des origines inconnues et des ancêtres hypothétiques; on disait, « ce n'est pas le Sinanthrope de Chou Kou Tien *(Homo erectus)* qui a taillé les cailloux que l'on découvre à ses côtés, c'est un Homme plus moderne qui a mangé le Sinanthrope et que l'on n'a pas encore découvert »; on dit encore aujourd'hui « ce n'est pas l'Australopithèque de la vallée de l'Omo qui a fait éclater les petits quartz qui se trouvent sur les mêmes sols que lui, ce ne peut être qu'un représentant du genre *Homo* que l'on n'a pas encore rencontré »; et on a écrit récemment « ce n'est pas l'Afrique orientale (la seule région au monde qui ait fourni des restes d'Hominidés entre 2 et 10 millions d'années!) qui est le berceau de l'Humanité, mais c'est l'Eurasie (où aucun fossile de cette famille n'excède 2 millions d'années)! ». Le rejet de l'origine dans le temps procède de la même anxiété et nombreux sont les auteurs qui « espèrent » trouver dans le Paléocène, voire dans le Crétacé, les racines de l'Humanité. Ce n'est pas lui, c'est un autre... ce n'est pas ici, c'est ailleurs... ce n'est pas à cette époque, c'est à une époque beaucoup plus ancienne...

L'ouvrage de Bruno Albarello est un extraordinaire témoignage au dossier de l'histoire des sciences paléoanthropologiques et je remercie son auteur de m'avoir donné le privilège de le préfacer. Le lecteur trouvera, au fil de ses pages, au long des emprunts qu'il fait à la presse régionale ou nationale du début du siècle ou aux communications savantes et aux déclarations de l'époque, le reflet d'une société, de son passé, de sa situation politique, etc.; c'est la description d'une étape de l'histoire de la pensée et la fidèle image du temps. Parlant de la statue de l'Homme de la Chapelle-aux-Saints, joliment sculptée dans la pierre de sa province d'origine, l'auteur s'écrie, avec une sagesse qui n'est autre qu'un avertissement que nous ferons nôtre : « Il est à craindre que tout le granite de notre Limousin ne suffise à fournir la statuaire érigée à la gloire des hérésies à venir. »

Combien de préjugés doivent se trouver en effet encore attachés à notre vision actuelle de l'anthropogenèse, celle dont je faisais état en ouvrant cette préface... (...).

Lucy et Tautavel, un divertissement

Il était une fois, il y a longtemps, longtemps, dans une savane, au bord d'un lac, là où le soleil chauffe très fort treize mois sur douze, une très jolie jeune fille qui venait juste d'avoir vingt ans. Toute petite, la longue chevelure sombre sur des yeux de gazelle et une bouche comme tendue pour s'offrir, elle était connue pour être vive comme un Dinofelis et agile comme un Colobe. Elle s'appelait Lucy mais tout le monde l'appelait Lulu et l'histoire se passait au cœur de l'Éthiopie, il y a 3 500 000 ans.

Il était une fois, il y a moins longtemps, à l'orée d'une grotte, au-dessus d'une rivière, là où il faut quatre saisons pour faire une année, un beau jeune homme qui fêtait lui aussi ses 20 ans. Solidement charpenté, le regard assombri par une visière naturelle, il était connu à la ronde pour être à la fois le meilleur chasseur de rennes et le plus habile tailleur de galets. Il s'appelait Tautavel mais tout le monde l'appelait Toto et l'histoire se passait au fond de la France, il y a 450 000 ans.

Et puis un beau jour de l'an 1984, un savant du nouveau monde eut l'idée folle d'organiser une exposition où seraient présentés ensemble tous les hommes et toutes les femmes de tous les temps [1]. Quelle folie en effet et quelle confusion! et il arriva ce qui devait arriver. Lulu et Toto tombèrent amoureux éperdus l'un de l'autre. Lulu était en admiration devant la grosse tête de Toto : « 1 200 cm^3 », disait-il, mais il se vantait un peu. Toto était attendri par la belle toison noire qui recouvrait tout le corps bronzé de Lulu comme elle le ferait de celui d'un garçon et c'est ainsi que Toto et Lulu s'aimèrent passionnément le temps d'une exposition tout en découvrant ensemble, abasourdis, la plus grande métropole des Amériques dont ils n'avaient même pas entendu parler. Et puis l'exposition fut démontée, Lulu se retrouva à Addis Abeba et Toto à Marseille.

Alors, effondrés de chagrin, parvenant à peine à communiquer grâce aux échanges internationaux des journaux scientifiques entre bibliothèques universitaires, ils décidèrent de se revoir. Mais il leur fallait d'abord réduire deux sortes de problèmes, ceux liés à l'espace et ceux liés au temps. Ils pensèrent, à juste raison, après leur expérience outre-Atlantique, que les premiers n'étaient pas difficiles à résoudre. Par contre, que faire des seconds? Leur démarche, très maligne, il faut le dire, fut alors d'aller voir, l'un et l'autre, des physiciens pour tenter de rapprocher leurs âges. Lulu eut une audience avec un spécialiste

---

1. Cette exposition « Ancestors » eut réellement lieu à l'American Museum of Natural History de New York.

d'une méthode barbare qu'il appelait Potassium Argon et c'est ainsi qu'elle parvint à gagner 500 000 ans; Toto se démena de son côté, organisa même un symposium, mais n'arriva à gratter que 50 000 malheureuses années. Ces gains étaient véritablement dérisoires. Il leur restait 2 500 000 ans à télescoper et le désespoir s'empara de Toto et de Lulu. Quand seraient-ils donc encore invités « en vrai » pour une exposition qui ne se contenterait pas de montrer de leurs ossements de vilaines copies en plâtre ou en plastique. Quel manque de noblesse parfois chez ces conservateurs!

Mais un beau jour, un bien beau jour en effet, vint une grande idée dans la tête pourtant très modeste de Lulu (400 cm³, pensez donc!); s'ils arrivaient à convaincre un de ces magiciens que l'on appelle paléoanthropologues, un de ces savants parfois un peu vantards, mais toujours un peu rêveurs, de les réunir dans une publication? La chose fut certes moins facile à conclure que Lulu ne l'avait imaginé; mêler Australopithèque et Pithécanthrope ne pouvait en effet s'envisager n'importe comment sans compromettre la réputation du savant. Mais une astuce de mise en pages fut finalement trouvée; Lulu et Toto apparaîtraient sur une planche comparative dans un traité. Comme l'édition est chère et les planches fatalement exceptionnelles, la chose était réalisable et fut effectivement réalisée.

Ainsi furent réunis, au creux d'un ouvrage tiré à 500 exemplaires, Lulu du Pliocène supérieur et Toto du Pléistocène moyen.

Moralité :
1. Le temps est diabolique mais l'amour est éternel.
2. Les Australopithèques sont moins idiots qu'on ne le pense.

L'outil et le symbole

Le premier Homme, le préhumain peut-être, a dû observer et comprendre bien des signes naturels porteurs d'informations : empreintes, griffades, défécations, litières, et il a dû très vite les traduire en termes de gibier, nourriture, danger, vigilance, nous a dit, l'an dernier, Emmanuel Anati de Lecce dans ses leçons au Collège de France. Sans doute ce premier Homme a-t-il ensuite reproduit ces signes sous la forme de marques dans la terre, le sable, le bois, la pierre, pour transmettre le message. Et puis est arrivé le jour où il a inventé des signes qui n'étaient pas dans la nature et qu'il a chargés de sens. Un des pas gigantesques de l'histoire de l'Humanité a dû être cet avènement de la conception du symbole : il s'est agi de confier à un objet ou à sa représentation, le poids d'une idée, d'une fonction, d'un pouvoir. Par convention transmise au travers d'un rite, le symbole devenait la traduction de cette idée et puis l'idée elle-même. Symbole et réalité devenaient alors indissociables.

Mais quand donc a été franchi ce pas ?

Il convient probablement de poser, dès les premiers outils, le problème des rites et de la magie, difficiles à séparer en outre des manifestations esthétiques. Or, les plus vieux outils du monde, ces éclats de quartz, de jaspe, de calcédoine, de 2 à 3 millions d'années, découverts par Jean Chavaillon et Harry Merrick durant l'expédition que Francis Clark Howell et moi-même avons dirigée, dix ans durant, dans le sud de l'Éthiopie, semblent bel et bien être l'œuvre des Australopithèques. Le premier outil, si ce n'est le premier symbole, aurait donc été créé par un Hominidé, avant l'Homme.

Mon ami Adrian Kortlandt d'Amsterdam me disait, il y a quelques jours, que l'Australopithèque avait pu se servir de rameaux d'acacia que l'on appelle épineux et que les swahili nomment très joliment « godja kidoko », « attends un peu », parce qu'ils retiennent au passage, pour se protéger des prédateurs qui ont horreur de se piquer. Et Adrian Kortlandt est parvenu à cette idée grâce à une expérimentation personnelle audacieuse au risque de sa vie puisqu'elle a mis en jeu sa propre personne et quelques lions en appétit au beau milieu de la savane africaine. Je me suis alors amusé à imaginer que l'Australopithèque, que je crois, pour un préhumain, beaucoup plus humain qu'on ne le dit, avait peut-être déjà inventé, il y a 3 ou 4 millions d'années, la branche de mimosa d'honneur ou l'épine de parade. Mais c'est, sans doute, tout de même, lui faire trop d'honneur.

Lorsque, vers un million et demi d'années, apparaît l'outil bifacial, triangulaire, symétrique, dont matière et couleur ont, semble-t-il, parfois, fait l'objet d'un choix, on se prend à penser plus facilement, pour certaines pièces extraordinairement belles, à des armes de représentation. L'artisan des bifaces, qui était cette fois Homme à part entière, pratiquait d'ailleurs les premiers rites que l'on soit en mesure de reconnaître; il brisait certaines parties du crâne de ses morts.

Avec l'Homme de Néandertal, il y a 100 000 ans, un progrès considérable apparaît dans la réalisation de rites et dans la perception de l'insolite; l'Homme de Néandertal, curieux, ramasse des fossiles et des minéraux et les rapporte chez lui; l'Homme de Néandertal, anxieux, creuse des fosses et y dépose ses morts sur des lits de fleurs et sous des offrandes magiques : des quartiers de viande, des œufs, des outils votifs et des armes de parade.

L'Homme moderne, avec l'accession aux valeurs abstraites, va y ajouter la figuration symbolique : il peint, sculpte et grave et organise sa première écriture. Quand la technique du polissage est alors inventée, la production d'objets symboles devient monnaie courante; durant mes années de jeunesse en Bretagne, je peux dire que j'ai passé des jours devant les vitrines du Musée archéologique de la Société polymathique du Morbihan à Vannes ou devant celles du Musée préhistorique J. Miln Z. Le Rouzic à Carnac, fasciné par l'extraordinaire perfection des grandes haches en pierre verte, jadéite, pyroxénite, chloromélanite, des dolmens d'Arzon, de Locmariaquer, de Carnac ou de Quiberon. Je me souviens les avoir alors tout à fait clairement considérées comme les homologues néolithiques des épées d'académicien.

(...) De l'épine à l'épée que j'ai l'honneur et la joie de recevoir aujourd'hui, il y a 50 mille siècles, 500 mille générations, 100 milliards d'individus et la plus belle des histoires que j'ai pour métier de reconstituer.

(...) Ma formation largement naturaliste et ma passion pour la préhistoire ont, sans doute, contribué à mieux faire prendre en considération, avec l'Homme fossile, son environnement. Comme tous les êtres vivants, nos ancêtres ont fait partie d'un milieu naturel, d'un paysage, d'un climat, d'un ensoleillement, qui n'ont pas manqué d'avoir quelque influence sur leur évolution, avant que ces ancêtres n'en aient eux-mêmes, grâce au milieu culturel qu'ils ont peu à peu fabriqué, sur l'évolution de leur propre cadre. Je crois, en effet, que c'est un événement tectonique, entraînant une crise climatique, qui a fait l'Hominidé (figure 4), qu'une seconde crise a fait Homme. L'intérêt de cet éclairage et de la mise en évidence des rapports entre ces deux évolutions, celle de l'Homme et celle du milieu, que l'on appelle désormais du nom un peu lourd d'*Environnementalisme*, peut être mesuré, évalué dit-on, à la vitesse avec laquelle l'idée a été « empruntée ». C'est en général bon signe pour une idée !

La mise en évidence des rapports qui existent, de leur côté, entre l'évolution biologique et l'évolution culturelle de l'Homme, second volet de notre histoire, est elle-même en train de gagner des partisans. Jean Chavaillon et moi croyons en effet que les progrès technologiques et sans doute comportementaux de l'Homme ont, pendant longtemps, été moins rapides que l'évolution de l'Homme lui-même, jusqu'au jour où ces rapports ont été inversés, figurant peut-être le succès définitif de l'acquis sur l'inné (figure 5). Mais, à l'exemple de la culture dans ses premiers âges, la vitesse de diffusion de cette idée-là, que l'on n'appelle pas encore du nom aussi lourd de *Comportementalisme*, est un peu moins rapide que celle de l'idée environnementale.

Tout ceci, en tout cas, a été modestement versé au grand bilan de la paléoanthropologie dont le message pourrait aujourd'hui se lire ainsi : n'oublions pas que l'Homme est un être vivant et qu'il est, par suite, comme tous les êtres vivants, soumis aux grandes lois de l'évolution biologique; souvenons-nous que ses racines sont profondes et qu'elles plongent dans une longue histoire tropicale que nous rappelle souvent notre physiologie; n'oublions pas que l'origine de l'Homme est unique et que les cinq milliards d'Hommes qui font aujourd'hui l'Humanité sont frères; sachons encore que, sélectionnés naturellement il y a 10 millions d'années parce que nous étions debout, nous devons désormais tenir compte de la sélection nouvelle que nous avons créée et qui, bien souvent, supplante la première; enfin sachons nous enrichir de la connaissance des milliers de civilisations qui se sont succédé tout au long des 3 à 4 millions d'années de notre histoire et que préhistoriens et paléoanthropologues s'efforcent de mettre peu à peu au jour. Elle est le ferment d'un nouvel humanisme.

L'origine et l'évolution de l'outil

(...) Mon domaine de recherche concerne, comme vous le savez, la question de l'origine et les problèmes de l'évolution de l'Homme. J'ai donc une position privilégiée pour tenter d'appréhender l'extraordinaire événement que constitue la naissance de ce prolongement du corps que l'on nomme l'outil, ce complément de la biologie et qui en est en même temps le produit, et qu'on appelle culture. Or l'outil se taille pour un propos déterminé : il est porteur de projet. Il représente donc à la fois la conscience et la connaissance. Et comme il est essayé, retenu ou non et, s'il est retenu, reproduit, il est enseigné. Il est, en fait, plus que probable que la réflexion ait précédé l'outil mais cet outil n'en constitue pas moins son premier témoignage. On sait qu'à partir de ce moment-là au moins, l'importance de l'inné se met à décroître au profit de celle de l'acquis, donnant peu à peu à l'Hominidé, puis à plus forte raison à l'Homme, sa liberté et sa responsabilité. Je dis Hominidé car c'est, me semble-t-il, le préhumain *Australopithecus* qui, il y a 3 millions d'années, inventa l'outillage taillé.

Et à partir de 3 millions d'années, cet outillage ne cessera plus de s'améliorer et de se diversifier, comme grossit une boule de neige; l'expérience est chaque fois retenue et la technologie va bénéficier, chaque fois, grâce à l'enseignement, de la totalité de la connaissance engrangée. Je dis ceci pour bien souligner, dans ce Cercle, l'extrême conscience qu'ont les préhistoriens de l'importance de la connaissance et de sa transmission. (...)

	Homo sapiens sapiens	Paléolithique supérieur
	Homo sapiens	Paléolithique supérieur
100.000 ans	Homo sapiens	Paléolithique moyen
	Homo sapiens	Acheuléen
	Homo erectus	Acheuléen
	Homo erectus	Oldowayen
2.500.000 ans	Homo habilis	Oldowayen

FIGURE 5. Vitesses différentielles d'évolution de la Biologie et de la Culture et leur inversion.

L'outil et les transformations du corps

(...) Fort d'une solide connaissance de l'histoire biologique et technologique de l'Homme, d'ailleurs étonnamment à jour, riche d'une érudition qu'une curiosité insatiable lui a fait cueillir dans les mille champs du savoir et de la réflexion, imprégné d'une fréquentation assidue, à la fois lucide et critique, je dirais presque bougonne, de sa société, Pierre Schaeffer s'amuse en effet, plus de 200 pages durant, à raconter son anthropogenèse. Un crépitement de mots et d'idées, de répliques et d'enchaînements, de trouvailles et de rebondissements comble le scientifique épris de logique, le créateur gourmand d'hypothèses, le conteur passionné de fiction, le préhistorien amoureux d'origines. Faber se régale d'inventions, Sapiens d'élégances. On assiste, interdit, dans une vaste théogonie, à la découverte par Dieu de la géométrie, à celle de l'algèbre et de l'arithmétique, à l'invention des nombres premiers et de la mécanique, aux débuts balbutiants de l'informatique, à l'élaboration ingénieuse de la musique; on participe, fasciné, dans une généreuse anthropogonie, aux pulsions de Gracilis, aux progrès d'Habilis, aux raffinements d'Erectus, à l'élaboration du Socius et de ses contraintes et à la merveilleuse histoire du langage, invention des mots et des temps, du oui, du non, de l'auxiliaire, du passé composé, du conditionnel, du roi des jeux, le verbe, et de la reine des règles, la syntaxe.

J'ajouterai une donnée nouvelle au beau texte de Pierre Schaeffer, une donnée inédite qui résulte de mes propres recherches. La dualité Sapiens/Faber, Pensée et son support / Habileté et ses conséquences, que décèle l'auteur et auquel il fait aboutir la réflexion de Dieu, apparaît en effet aussi dans les « plis du terrain » : l'Homme fossile et sa technologie n'évoluent pas à la même vitesse; quand l'Homme, son corps et son esprit, se transforme, quand Habilis se fait Erectus et qu'Erectus devient Sapiens, sa technologie se transforme aussi, mais beaucoup plus lentement; elle marque le pas avant d'innover. Les progrès dans la taille du caillou et l'enrichissement de la trousse à outils sont en retard sur le développement de l'encéphale par exemple et l'accroissement de son irrigation. Habilis aménage des galets, les premiers Erectus aussi; puis Erectus invente le biface que fabriqueront, dans sa tradition, les premiers Sapiens. Faber est, aux aurores de l'Humanité, un conservateur. Et puis, encouragé par ses succès, par l'importance grandissante de son apport, importance qui aura une action incontestable en retour sur l'évolution de sa biologie, il va lui arriver de dépasser Sapiens; on vient de trouver, en Charente et en Yougoslavie, le « vilain » homme de Néandertal *(Homo sapiens neandertalensis)* associé à un très bel ouvrage que jusqu'alors on ne voulait attribuer qu'au noble Cro-Magnon *(Homo sapiens sapiens)*(figure 5). Les destins du cerveau et de la main sont certes liés, il n'est pas question de le nier, et leurs interactions sont incontestables. Mais il n'en demeure pas moins que l'évolution structurale de l'un et l'amélioration de l'ingéniosité de l'autre manifestent, en se transformant à des vitesses différentes, une indiscutable indépendance.

C'est en novembre 1984, entre Milan, Florence et Rome, lors d'une tournée de conférences, que j'ai pris pour la première fois connaissance du manuscrit de Pierre Schaeffer et je garde de cette lecture si dense dans ce pays si riche un souvenir exaltant; le contenu, pourtant d'un éclat différent, était aussi brillant que le contenant. Je viens d'en relire, un an après, les épreuves; le cadre était différent, mais le plaisir tout à fait le même. On comprendra sans peine ma joie d'introduire ce feu d'artifice de connaissances et d'inventions et je suis très reconnaissant à l'auteur de m'avoir offert ce privilège. Car, « même si ce n'est qu'une fable », comme dit Pierre Schaeffer lui-même, elle atteint une telle dimension qu'elle ressemble, à s'y méprendre, à ce que les Sciences que je pratique tentent aussi à leur manière d'écrire : un grand poème épique à la gloire de l'Homme.

De la prédation à la production

Un beau jour d'il y a 12 000 ans, dans tout cet occident de l'Asie que l'on appelle Proche-Orient, l'Homme s'arrête. Il construit ses premiers villages parce que, le climat changeant, poussent de mieux en mieux micocouliers et térébinthes, câpres, lentilles et céréales dont il cueille les baies, les noix ou les épis. Il apprend presque immédiatement, comme nous le dit Andrew Moore, à maîtriser la culture de ces plantes, inventant l'économie de production alors qu'il pratique encore très largement celle de prédation. C'est une très grande découverte de l'Humanité qui, de proche en proche, s'étendra au monde entier entraînant le premier « boom » démographique et amorçant l'ère de l'exploitation du milieu qui se poursuit encore aujourd'hui.

Avec l'agriculture et la croissance démographique, le mode de subsistance se transforme et les besoins augmentent; c'est une période où l'on expérimente, on découvre, on innove pour faire face à la situation nouvelle. Denise Schmandt-Besserat nous expose de manière particulièrement brillante comment, dès 11 000 ans, du Soudan à la Turquie et d'Israël au Pakistan, apparaissent de petits jetons d'argile cuite dont les formes et les marques symbolisent la quantité et la qualité de la matière comptabilisée en vue de stockage ou de transactions; elle nous montre aussi comment le remplacement, cinq mille ans plus tard, de ces jetons par leur empreinte à deux dimensions fit insensiblement naître l'écriture! Peter Bosch nous décrit la mine de silex de Rijckholt aux Pays-Bas, dont l'exploitation, vieille de 5 000 ans, peut être qualifiée d'industrielle; 153 millions d'outils en seraient sortis, soit environ 1 500 haches par jour! C'est bien la première fois que la notion de production de masse apparaît dans cette humanité préhistorique. Borislav Jovanović nous fait descendre, à son tour dans la mine yougoslave de Rudna Flava, un millénaire plus ancienne, par des puits verticaux de parfois vingt mètres de profondeur pour nous exposer la technique d'éclatement par chauffage au feu et refroidissement à l'eau des blocs de carbonate de cuivre. Aimé Bocquet nous fait encore plonger, non plus dans un puits de mine mais dans le lac de Paladru, dans les Alpes du Nord, pour fouiller une de ces fausses cités lacustres (celle-ci a 5 000 ans) dont les reconstitutions remplissent les anciens ouvrages scolaires alors qu'elles ne sont que des villages établis au bord de l'eau et submergés par l'élévation du lac. Enfin, dernière image de cette époque révolutionnaire, celle d'une cité du Sud de l'Angleterre, Crickley Hill, fortifiée il y a plus de 5 000 ans; les sociétés néolithiques sédentarisées développent une structure de plus en plus complexe; elles deviennent capables de grandes réalisations architecturales communes, dolmens, alignements, cromlec'hs, mais aussi forteresses car la compétition pour le sol, le sous-sol et le bétail devenait plus intense. Comme la topographie n'a que peu changé depuis cette époque, les positions qui étaient stratégiques le demeurent et aux enceintes néolithiques se superposent souvent des ouvrages de défense plus récents. Le long des côtes françaises par exemple, le mur allemand de l'Atlantique, construit lors de la dernière Guerre mondiale, coiffe souvent une succession de fortifications néolithiques, des Ages du bronze et du fer, des camps romains et des mottes féodales. A Crickley Hill, ce sont deux forteresses de l'Age de fer qui se superposent directement à celles du néolithique. Et cet âge, que l'on pourrait volontiers appeler l'Age de l'acier puisque, comme nous l'expliquent Robert Maddin, James Muhly et Tamara Wheeler, le fer ne remplace effectivement et définitivement le bronze que lorsque l'on découvre les qualités de son alliage avec le carbone (du charbon de bois), termine de manière un peu conventionnelle les temps d'avant l'Histoire.

La protohistoire du Sahel

Au creux du désert, aux confins de l'Afrique des savanes, trois millénaires de cultures revivent soudain. Le paysage, le climat, les plans d'eau mis en place, les villages s'établissent et s'animent dans leur activité quotidienne, leur vie économique, leurs relations de voisinage; page après page s'éclaire l'histoire de ce pays sans textes enfoui dans les sables que soulève l'harmattan. Là-bas, bien au-delà du royaume des Atlantes, ont en effet vécu, au moment où la France était la Gaule et qu'elle devenait romaine, toute une succession de populations brillantes. Venues de l'orient de l'Afrique, sans doute des Empires fameux du Haut Nil, certaines d'entre elles ont développé sur les rives du grand lac Tchad des civilisations tout à fait originales aux productions céramiques de toute beauté, tandis qu'au sud se constituait l'empire du Kanem et que se développait, entre Logone et Chari, le monde Sao.

De 1972 à 1974, les prospections de Françoise Treinen-Claustre, ses récoltes et ses sondages, ses efforts de datations et d'analyses des pierres, des métaux, des terres cuites, ont donc conduit à la rédaction de ce beau mémoire qui raconte l'histoire des peuples du Borkou entre un peu plus d'un millénaire avant Jésus-Christ et un peu moins d'un millénaire après. C'est une histoire complexe de cultures semi-nomades puis sédentaires, d'abord modestes puis très brillantes dont l'évolution est en partie fonction de celle du climat; « l'homme a suivi l'eau », dit un proverbe kanembou qui se souvient que dans ce pays l'histoire des hommes, dont la répartition dessine les rives successives du lac Tchad, c'est aussi l'histoire du désert.

Entre l'éclatante Égypte et les grandes cultures du golfe de Guinée, l'Afrique devra désormais retenir la civilisation des forgerons et des potiers de Koro-Toro et leur belle vaisselle peinte (...).

Le dromadaire à la charnière de l'histoire

(...) Le problème que pose ici Henri Lhote, problème qu'il n'est pas le premier à poser mais qu'il est probablement le premier à résoudre, est celui de l'origine du genre *Camelus* en Afrique. Une étrange contradiction apparaît en effet bien souvent dans les ouvrages des divers spécialistes de ce continent, qu'ils soient historiens, archéologues, préhistoriens ou paléontologistes : ils constatent l'existence très ancienne d'un chameau qui n'est pas le dromadaire parmi les restes de Vertébrés fossiles de plusieurs niveaux du Pléistocène et même du Pliocène; ils constatent par ailleurs l'arrivée tardive du dromadaire dans le si riche bestiaire rupestre du Sahara, ce que confirme son absence pure et simple dans la peinture, la statuaire ou les hiéroglyphes de l'Égypte des pharaons et dans les plus anciens textes latins concernant l'Afrique du Nord; et ils n'en ont pas moins l'air d'admettre, comme si de rien n'était, la parfaite continuité phylétique de ces deux Camélidés, au point d'appeler par exemple « dromadaire » les restes de Chameaux, d'ailleurs douteux, des sites des paléolithiques moyen et supérieur ou de l'épipaléolithique du Maghreb, Moustérien, Atérien, Capsien et même Ibéro-Maurusien.

Le genre *Camelus* semble bien, en fait, être apparu deux fois dans ces paysages africains du nord de l'Équateur : une première fois, il y a quelques centaines de milliers d'années, peut-être quelques millions d'années, dans un monde tropical aux côtés d'abord, dans l'Est, de *Dinotherium*, de *Sivatherium*, de *Machairodus* et d'*Homo habilis*, puis plus tard, dans le Nord, d'*Homoioceras*, de *Megaceroides*, de *Bos primigenius* et d'*Homo erectus*; il se serait alors agi d'un vrai Chameau à deux bosses, voisin de celui de l'Asie des steppes, venu de ce continent par l'Afrique orientale. Et une seconde fois, il y a seulement quelques milliers d'années, peut-être guère plus de deux mille ans, et dans un décor à peine un peu moins sec que celui que nous connaissons aujourd'hui; il s'est alors agi du vrai Dromadaire à une bosse, celui des cigarettes Camel, des films de légionnaires et des publicités polychromes pour la visite des pyramides, venu, monté, du Moyen-Orient par Suez.

Mais bien que cette recherche des origines du Dromadaire soit le fil conducteur de ce travail, l'auteur, qui connaît par cœur Maghreb et Sahara et qui a lu tout ce qui s'est écrit depuis cent cinquante ans sur ces pays, nous fait largement profiter de son extraordinaire érudition et de sa longue expérience du chameau.

Son texte, souvent plein de poésie, toujours riche en références lues ou vécues, se fait tantôt critique historique, tantôt document ethnographique, tantôt chapitre de géographie physique, humaine ou économique; on y apprend avec curiosité tout sur les selles ou les manières de conduire le chameau mais aussi sur la physiologie, le comportement ou les performances de l'animal. On y chemine parfois, quelques pages durant, avec la centaine de chameaux de la fameuse caravane de l'Azalai jusqu'aux salines de l'Amadror pour charger barres de sel, sacs d'armoise et blocs de natron, et quelques pages plus loin, avec l'immense escorte d'un souverain songhai couvert d'or, et qui, de Tombouctou à La Mecque, va faire à l'envers le chemin des premiers dromadaires. On y assiste avec fascination aux invasions assyrienne ou perse de l'Égypte des VIIe et VIIIe siècles avant Jésus-Christ, qui auront le privilège de faire connaître le dromadaire à l'Afrique, ou à l'installation des Romains dans toute l'Afrique du Nord, montés sur l'« âne de l'ouest » (le cheval) d'abord, avant de l'être sur l'« âne de la mer » (le chameau).

Tel est donc l'hymne que Henri Lhote a voulu chanter à la gloire de cet animal soumis et digne, dont l'image souvent étrange, au point de simuler celle des grands sauriens, va bientôt entrer dans la légende; après avoir réussi le tour de force de faire de ce pays envoûtant mais difficile et parfois dangereux, plus de vingt siècles, un immense champ de contacts et d'échanges, ce qu'aucun autre animal n'aurait pu permettre, le dromadaire est en effet en train de se faire peu à peu remplacer par la machine; bien que les rallyes confondent encore le Ténéré avec Ermenonville, il est certain que l'amélioration technique des véhicules tout-terrain et le développement de la précision des moyens de repérage sont en train de transformer rapidement les communications, les rendant à la fois plus rapides et plus sûres. Mais le Chameau superbe, monté de son Targui voilé de mauve au pied d'une barkhane d'or, demeurera longtemps le symbole d'un des grands moments de l'histoire de l'Humanité, celui de la maîtrise du Sahara.

Le respect des autres

Tous les Hommes de la Terre ont la même origine; ils sont tous les descendants d'une population née en Afrique orientale il y a 3 à 4 millions d'années d'une famille elle-même née là il y a 8 millions d'années. Nous avons donc tous la même durée d'histoire. Dotés dès lors d'une conscience réfléchie, immédiatement encombrée de l'angoisse existencielle qui en découle, nous avons tous tenté, chaque société et chaque individu à sa manière, d'atténuer, depuis, le poids de cet inconfort, prix de notre liberté. Depuis que l'Homme sait qu'il sait, il se pose en effet la question de sa nature, de son origine et de sa destinée, il se pose en fait la question de la raison de sa mort.

Pour qui s'est un peu penché sur ces problèmes de notre origine, de l'émergence de notre conscience, de l'apparition de notre culture, de l'organisation de nos sociétés, il est extrêmement instructif d'apprendre, au travers de témoignages de la valeur de ceux de cet ouvrage, ce que sont devenus les Hommes, après ces quelques millions d'années d'existence.

Jean-Gabriel Gauthier, avec une infinie pudeur, nous présente de manière très dépouillée, un peu comme un film sans commentaires, quelques-uns de ces Hommes, les Fali de Tinguelin. Quelle merveilleuse histoire, au sens propre du qualificatif, que d'assister ainsi, conte après récit, cérémonie après rituel, histoire de nuit après histoire de jour, à la dissection de la structure d'une société, à celle de son ordre strict mais souple, de ses épreuves réelles mais pondérées, de sa connaissance empirique mais aussi mythique, elle-même d'ailleurs aussi en partie d'origine empirique, pré son art de vivre mais aussi de mourir. On sent, avec force, un système raffiné, compliqué, efficace.

Une préface n'est pas une analyse. Je ne peux cependant m'empêcher d'évoquer quelques superbes parades de bon sens, de connaissance ou de poésie à quelques questions grandes ou moins grandes de ce beau récit : l'Homme est-il anxieux du mystère de la mort? il sera immortel, deviendra Manu et pourra même, grâce à l'extraordinaire intercession du masque, revenir de temps à autre parmi les vivants. L'Homme, l'animal, la plante ont-ils des points communs troublants? ils auront tous trois une âme; celle de l'animal ou celle de la plante sera seulement plus petite et moins élaborée que celle de l'Homme. Les Hommes ont-ils des couleurs différentes? ces différences qui, à l'origine, n'existaient pas, apparaîtront parce que les descendants des premiers Hommes n'auront pas toujours occupé les mêmes parties de la Terre. Le cerveau, siège de l'esprit, est-il la raison d'être du corps? Le crâne des morts fera l'objet de soins très particuliers, inhumé avec le corps, exhumé avec lui, il sera détaché, nettoyé, puis réinhumé seul. La brousse, espace au-delà de l'espace construit et de l'espace cultivé, est-elle étrangère et dangereuse? elle sera le domaine des génies et des mauvais esprits, celui de la peur. Les mares à la saison sèche sont-elles sources de maladies? elles deviendront habitées par les Tindom Sho qui pénètrent le corps, y causant des troubles graves (bilharziose), etc.

Comment, au terme de cette lecture, ne pas être séduit par la dignité de cette population, par son extraordinaire degré d'organisation, par la grandeur émotionnelle de ses rapports, par la qualité de son adaptation, en un mot un peu vidé de son sens par son emploi souvent réservé aux sociétés industrielles, par son degré de civilisation.

Il est tout à fait certain que de semblables monographies ne peuvent que renforcer la profonde admiration que l'on éprouve à l'égard de ceux qui en sont l'objet. La description de chaque groupe d'hommes, quel qu'il soit, participe donc à la connaissance des autres; l'ethnologie partage ainsi avec les sciences de l'Homme passé, la belle responsabilité d'apprendre aux Hommes les autres Hommes. Quand chaque musée du monde racontera avec force documents à chacun sa propre histoire, sa propre culture mais aussi l'histoire et la culture de tous les autres et quand une encyclopédie sera en mesure de réunir, dans toutes les langues, les grands traits de toutes les cultures contemporaines et de toutes celles qui se sont succédé sur tous les continents depuis 3 à 4 millions d'années, chaque Homme pourra alors apprendre ce qu'est et ce que fut l'Humanité depuis son origine et la plus grande des valeurs de notre espèce, le respect de l'autre, pourra sans doute se développer plus librement (...).

Que les ancêtres te protègent, ô itinérant!

Max-Pol Fouchet fit en Afrique noire, à Madagascar, et aux Mascareignes un tout premier voyage en 1951, puis retourna l'année suivante dans la Grande Ile. « Les peuples nus », parus en 1953, en sont donc le premier fruit. Tout à la fois carnet de route, enquête et poème, ce livre plein d'impressions, de rigueur, de tendresse est aussi et surtout un très beau chant d'amour à l'humanité tout entière.

Je n'ai croisé Max-Pol Fouchet qu'une seule fois, sur un plateau de télévision; c'était en 1976, je crois, nous étions parmi les invités d'un invité. J'ai eu l'impression, en le saluant, que nous nous connaissions depuis toujours, tant son sourire fut amical et complice. Après avoir lu ce livre, je sais que je ne me trompais pas. Marguerite Gisclon-Fouchet et Guy Buchet en me demandant cette préface m'ont fait une immense joie en même temps qu'un très grand honneur. Cela m'a permis de rencontrer un de ces hommes qui vécut pour que soit respecté l'homme. J'y ai rejoint et reconnu, avec émotion, les étonnements et les enthousiasmes de ses parcours, les rêves d'exotisme de son enfance, son attrait pour le passé, sa fascination pour l'image, sa si sensible perception des gens; quelle inoubliable rencontre par-delà le temps.

Des immenses étendues du Sahel aux plateaux frais de l'Imerina, de la forêt moite de l'Oubangui à la saignée du Rift est-africain, du quadrillage flou des rizières hovas au charme désuet du jardin des Pamplemousses, toute l'Afrique profonde, le monde si particulier de l'Océan Indien et même l'Asie des moussons sont là, avec leurs peuples et leurs cultures, leurs couleurs et leurs rythmes, leurs odeurs et leurs musiques. On y voit travailler, danser, aimer, prier les hommes, grouiller les insectes à cotte de chitine et bondir les makis roux, planer les pique-bœufs et piéter les pintades et s'épanouir, dans un luxe de couleurs et de formes, le paradis tropical de la végétation; un sort amusant et particulier est réservé, comme un fascinant leitmotiv, au baobab, arbre sacré de tant de populations, décrit comme un os à moelle, une bouteille, une colonne, une aorte tronquée, un mollet variqueux, ou comme un fût seulement flanqué de quelques moignons d'un seul côté...

Par la peau, par les yeux, par tous les sens réunis ou séparés, par le cœur et par le corps, ce livre fait plonger irrémédiablement au fond de l'âme d'un continent; autant que de le lire, de tout son être il faut le respirer.

Mais qu'on ne se méprenne pas, cette œuvre impressionniste, de couleur et de sons, de relief et de mouvement, contient aussi interviews et observations qui ont valeur de documents : la situation sanitaire de Madagascar, la condition politique et économique de l'île, le contenu du sous-sol, la question controversée de l'anthropophagie en Afrique, le vol de bœufs des Baras et des Antandroy, le retournement des morts, la marche sur le feu, l'histoire des îles que baptisa Don Pedro Mascarenhas n'en sont que quelques exemples parmi beaucoup d'autres.

Enfin bien au-delà de l'Afrique, si gaie, si digne, si généreuse, de la rencontre des navigateurs arabes des mille et une nuits, des inquiétantes évocations malaises de l'Ile rouge et de l'envoûtement quasi sacré des saris éclatants, bien au-delà de la poésie pastel des doux souvenirs de la vieille Europe chrétienne et conquérante, tellement sûre d'elle-même, Max-Pol Fouchet, plein d'amour et d'honnêteté, chante l'Homme, les Hommes, la Liberté.

Ce cri de citoyen du monde n'a pas d'âge; chaque fois qu'il est possible, aidons-en l'expression, facilitons-en l'impression, poussons-le de la même voix.

Merci Max-Pol : nous partageons, ô combien, ami que tu fus, ami que tu es, le même amour du monde; « que les ancêtres te protègent, ô itinérant ».

SOURCES

Préface. *In :* Serge Brunier, *Architecture de l'Univers*, Bordas éd., 1985 : 7-8.

Avant-propos (1re partie). *In : Origine et évolution de l'Homme*, musée d'Évreux, 16 janvier-30 mars 1988 : 6.

Texte écrit (mais non retenu) pour le film *Orang Utang*, images Gérard Vienne, production Jacques Perrin, Cinéma 7, 1988.

Préface (1re partie). *In : L'aube de l'Humanité*, Bibliothèque *Pour la Science*, Paris, 1983 : 11-13.

Préface. *In : Les Origines de l'Homme*, projet d'édition Courrier de l'Unesco-Hatier, Paris, 1985, manuscrit.

Conclusions. *In : Les Origines de l'Homme*, projet d'édition Courrier de l'Unesco-Hatier, Paris, 1985, manuscrit.

Les principales étapes de l'histoire de l'Homme. *La Vie des Sciences*, Comptes rendus de l'Académie des Sciences, série générale, t. 4, n° 4, 1987 : 283-285.

Préface. *In :* Richard Leakey, *La Naissance de l'Homme*, éditions du Fanal, 1981 : 6.

Préface. *In : Le cerveau, la main, l'outil.* La Maison des Expositions, Bry-sur-Marne, 1987 : 4 et 7.

Avant-propos (2e partie). *In : Origine et évolution de l'Homme*, musée d'Évreux, 16 janvier-30 mars 1988 : 6.

Allocution à l'occasion de la réception du grand prix scientifique de la Fondation de France, 1975, manuscrit.

Allocution (2e partie) à l'occasion de la réception du doctorat honoris causa de l'université de Bologne, Bologne, 15 avril 1988, sous presse.

Préface (pour une traduction jamais réalisée). *In :* Sydney L.W. Mellen. *The Evolution of Love*, W.H. Freeman and Company, Oxford, 1981, manuscrit.

Préface. *In :* B. Albarello, *L'Affaire de l'Homme de la Chapelle-aux-Saints*, éd. « Les Monédières », Le Loubanel, 19260 Treignac, 1987 : 7-10.

Toto et Lulu, émission de France Inter « Trajectoires d'été », L. Broomhead. 16 août 1984.

Discours à l'occasion de la remise de l'épée d'académicien, Paris, Sorbonne, 15 octobre 1987, sous presse.

Allocution du professeur Yves Coppens. *In : Cahiers laïques*, n° 202, avril-mai-juin 1986, Cercle parisien, Paris : 43-44.

Préface. *In :* Pierre Schaeffer, *Faber et Sapiens, histoire de deux complices*, Pierre Belfond, Paris, 1985 : 9-12.

Préface (2ᵉ partie). *In : L'aube de l'Humanité*, Bibliothèque *Pour la Science*, Paris, 1983 : 11-13.

Préface. *In :* Françoise Treinen Claustre, Sahara et Sahel à l'âge du fer, Borkou, Tchad. *Mémoires Société des Africanistes*, 1982 : 5.

Préface. *In :* Henri Lhote, *Chameau et dromadaire en Afrique du Nord et au Sahara. Recherches sur leurs origines.* Office national des approvisionnements et des services agricoles, Alger, 1987 : 9-10.

Préface. *In :* Jean-Gabriel Gauthier, *Les chemins du Mythe,* éditions du CNRS, Paris, sous presse.

Préface. *In :* Max-Pol Fouchet, *Les peuples nus,* Buchet/Chastel, Paris, 1981 : 5-7.

CHAPITRE IV

Origine et évolution de l'Homme
Question de diffusion

Le savoir, source de plaisir, se partage; le travail du scientifique doit aussi consister en la diffusion, la plus large possible, des connaissances auxquelles il parvient.

Cette activité peut prendre différentes formes, mais ce sont toujours les mêmes principes qui la guident. Les textes qui suivent illustrent cette diversité formelle, qu'encadrent certaines règles de base, et avancent quelques explications à la popularité des disciplines dont il a été question dans ce livre.

Deux préfaces à des ouvrages pédagogiques témoignent en outre de l'importance de l'enseignement de la préhistoire dès le premier cycle scolaire. A l'école de la préhistoire, on apprend l'épaisseur du temps, l'instabilité des êtres et des choses, la plus importante des lois de la biologie, l'évolution, le respect de l'Homme d'avant et celui de l'Homme d'ailleurs, données fondamentales qui doivent constituer le « bagage » des enfants de tous pays.

Enfin, le savoir et la création peuvent entretenir des rapports fructueux : la préhistoire inspire des artistes qui allient la rigueur du chercheur à la fantaisie du visionnaire. Cinéaste, acteur ou sculpteur... Il était tentant de laisser quelques créateurs clore ce chapitre.

*
* *

Quelques principes

Je voudrais profiter de cette tribune, pour exprimer les trois ou quatre points de principes essentiels que je m'efforce d'appliquer depuis près de vingt ans contre vents et marées et parfois, croyez-moi, les marées sont grandes et les vents sont forts.

Premièrement, l'information du public est un des devoirs professionnels de l'homme de science; c'est un devoir qu'il à vis-à-vis de sa société et, sans avoir peur des mots, comme la science est internationale, comme la science ne peut être qu'internationale, c'est un devoir qu'il a vis-à-vis de l'humanité.

Deuxièmement, tout public a droit à cette information. S'il y a sollicitation d'un journal, d'une institution, d'un pays, c'est qu'il y a une demande des lecteurs de ce journal, des membres de cette institution, des citoyens de ce pays; quel que soit le journal, l'institution, le pays, je suis tout à fait sûr que l'homme de science a le devoir de répondre et de donner son information sauf exceptionnelle raison d'État. Il n'y a pas de public noble et de public mineur.

Troisièmement, tout véhicule d'information peut être utilisé dans la mesure où l'information est rigoureuse. Il n'y a pas de hiérarchie à établir entre le cours, la conférence, l'interview de presse, de radio, de télévision, le film, le disque, l'exposition, le timbre; il n'y a pas de véhicules nobles et de véhicules mineurs. Selon les circonstances, les lieux et les publics, il y a seulement des véhicules plus appropriés que d'autres.

Mon quatrième et dernier point concerne les rapports entre l'homme de science et son interpète auprès du public. Le journaliste ou l'écrivain scientifique est là pour établir le contact entre l'homme de science et le public et pour rendre ce contact plus facile et plus agréable. C'est lui et lui seul qui peut savoir s'il y a une demande de tel ou tel public; c'est lui et lui seul qui peut savoir si l'information sera mieux perçue si elle est transmise par un moyen plutôt que par un autre, par un langage plutôt que par un autre. La confiance doit donc absolument, nécessairement, s'établir d'un bout de la chaîne à l'autre. Le journaliste scientifique doit respecter la rigueur de fond de l'information de l'homme de science; l'homme de science doit se laisser piloter par le journaliste scientifique et accepter son choix de la forme. Il n'y a, en aucun cas, substitution d'un maillon de cette chaîne par un autre, mais engrenage.

Enfin, je me réjouis de me trouver aujourd'hui associé, dans cette distinction, à mes amis Martine Allain-Regnault, Robert Clarke et Nicholas Skrotsky qui m'ont traduit tant de fois auprès de tant de publics et à qui je me suis efforcé d'apporter l'actualité de ma discipline, chaque fois qu'ils me l'ont demandée et dans la forme qu'ils m'ont proposée; j'insiste sur ce dernier point car la dernière fois que Robert Clarke et Nicholas Skrotsky m'ont attiré dans un studio, c'était certes pour parler de Dinosaures et d'Hommes fossiles de millions d'années mais parmi des chanteuses françaises, des musiciens sud-américains et de merveilleuses danseuses sénégalaises, ce qui n'est tout de même pas courant pour une émission scientifique.

Informer, un devoir

(...) Si j'ai consacré et consacre encore tant de temps à l'information du public, c'est parce que je pense que cette information fait partie de mon devoir professionnel. Il a d'ailleurs fallu que j'en sois convaincu pour poursuivre mon effort dans ce sens à une époque, il y a seulement une dizaine d'années, où cette attitude était très fortement critiquée dans certains milieux scientifiques [1]. Je me réjouis de voir aujourd'hui les scientifiques s'ouvrir à l'information du public et le Centre national de la Recherche scientifique lui-même, après avoir créé un très gros service de relations extérieures, conseiller officiellement au Comité national de tenir compte dans l'évaluation des chercheurs de leur activité de vulgarisation, ce que précisément me reprochait

---

1. Écrit en 1975.

le même Centre national de la Recherche scientifique une décennie plus tôt.

L'inconvénient est évidemment que l'information scientifique ne soit pas anonyme et qu'elle tourne vite pour l'homme de science qui la donne à une sorte de « vedettariat ». La vanité y trouve son compte, et il faut reconnaître qu'il est facile, souvent agréable, de se « laisser faire ». J'ai proposé, au début de mes interventions à la télévision, de me présenter avec les scientifiques de mon équipe; il m'a chaque fois été répondu que le public avait besoin de fixer son attention « sur une tête », de lui rattacher une discipline et qu'un groupe de personnes disperserait l'intérêt. Je crois, avec quelques années de pratique, que c'est un peu vrai (...).

Ce message que je m'efforce d'exprimer depuis une quinzaine d'années a porté quelques fruits réconfortants.

C'est d'abord l'intérêt accru du public pour ces problèmes d'origine de l'Homme, intérêt révélé par le succès des conférences (une conférence au Musée de l'Homme en 1973, dans le cadre des Conférences de la Société des Amis du Musée de l'Homme, a dû être doublée; elle aurait pu être triplée pour parvenir à satisfaire la demande; à la Maison de la Culture de Brest, en 1973, il y avait un millier de personnes sur 1 200 places), intérêt révélé aussi par le courrier en général et plus particulièrement celui qui suit chacune des émissions radiodiffusées ou télévisées, intérêt révélé encore par la fréquence des sollicitations des médias. Certains de mes grands aînés comme le Dr Louis Leakey avaient beaucoup contribué, en pays anglo-saxons mais aussi un peu en France, à faire connaître les sciences paléontologiques et préhistoriques. Je crois que l'information que nous avons apportée a sensibilisé encore plus profondément le public à ce sujet, en élargissant à la fois le sujet et le public et en soutenant l'intérêt par des découvertes renouvelées.

Une anecdote illustre cette propagation, souvent étonnante et insoupçonnée, de l'information : il s'agit, en l'occurrence, d'un exemple pris au Tchad. Lorsque je suis arrivé dans ce pays en 1960, personne ou presque ne savait ce qu'était un fossile. Or, en 1966, la radiodiffusion tchadienne produisait une émission d'enrichissement du vocabulaire français, émission qui consistait à illustrer chaque jour une lettre différente de l'alphabet par un mot. Quelle ne fut pas ma surprise, écoutant un soir Radio Fort-Lamy [1], d'entendre annoncer comme titre de l'émission « aujourd'hui la lettre P comme Paléontologie »!

Il est aussi agréable d'être suivi dans ses efforts de rencontre avec le public. J'ai été le premier paléontologiste à recevoir le prix de la Fondation de la Vocation de Publicis (1963), à recevoir donc un crédit privé pour mes recherches en échange d'informations données au public, ce qui fut d'ailleurs fort critiqué. Je me réjouis de compter aujourd'hui trois jeunes paléontologistes (Philippe Taquet, Michel Beden, Herbert Thomas) et deux préhistoriens (Michel Boureux, Yves Chevalier) parmi les lauréats de cette Fondation [2].

La diffusion des connaissances, l'insolite et l'universel

(...) Malgré l'aspect parfois tapageur de l'information, même scientifique, et son corollaire, le vedettariat, malgré la conviction tenace de bien des collègues, sincères ou non, que la qualité de la recherche passe par la discrétion, je demeure profondément persuadé que la vulgarisation est un des devoirs du scientifique et j'applique cette idée depuis plus d'un quart de siècle. N'allant en général pas au-devant des médias, car ce n'est pas ma fonction, j'ai, par contre, répondu en effet très volontiers à leur demande chaque fois qu'ils m'ont sollicité et que j'étais en mesure de leur accorder du temps. Je me suis alors toujours efforcé de maintenir la plus grande rigueur dans le contenu du message dont je conservais bien entendu la maîtrise tandis que je laissais au médiateur, dont c'est le métier, toute la liberté du choix du véhicule de ce message.

Et cependant, au-delà des moyens classiques de diffusion que

---

1. Aujourd'hui N'Djamena.
2. Écrit en 1975; il y en a eu beaucoup d'autres depuis.

sont la conférence ou l'exposition, le film ou la télévision, le disque ou la cassette, la presse ou la radio ou même des moyens moins habituels que peuvent être la pièce de théâtre ou le timbre-poste, la bande dessinée ou le feuilleton radiophonique, le parc préhistorique ou l'autobus exposition, moyens que j'ai tous pratiqués, il peut être amusant parfois de susciter l'emploi de circonstances qui, parce qu'elles sont insolites, se révèlent particulièrement efficaces. Je citerai deux exemples dont je suis fier.

J'ai transporté et remonté au premier étage de la Maison de la Radio, en 1969, le temps d'une exposition – l'exposition du 10ᵉ anniversaire de la Fondation de la Vocation – le squelette de Mammouth sibérien que j'avais précédemment mis sur pied au Muséum national d'Histoire naturelle. L'aspect pour le moins inattendu d'un animal fossile, il faut le dire, spectaculaire, dans ce cadre voué à l'art et à la technologie, a alors piqué avec suffisamment de force la curiosité des visiteurs des studios pour qu'ils aient vraiment le désir d'aller voir, cette fois spécialement, les autres animaux fossiles dans le cadre qui leur est consacré. Comme les visiteurs de la Maison de la Radio ne sont pas, semble-t-il (en tout cas en totalité), ceux habituels du Muséum, la fréquentation de l'Institut de paléontologie du Muséum a alors augmenté de façon notoire et de manière sensible pendant plusieurs mois après la fermeture de l'exposition.

J'ai terminé l'exposition « Origines de l'Homme », exposition que j'ai réalisée au Musée de l'Homme en 1976, par une vitrine naturellement consacrée au dernier maillon de la chaîne de l'histoire des Hominidés, l'Homme moderne, l'*Homo sapiens sapiens*. Pour ne pas avoir à choisir, d'une manière qui n'aurait pu être qu'arbitraire, entre un Breton et un Auvergnat, un Congolais et un Anglais, un Brésilien et un Japonais, un adolescent et un vieillard, un homme et une femme, pour illustrer notre belle espèce humaine contemporaine, et pour que chacun comprenne que cette histoire dont il venait de parcourir les 70 derniers millions d'années était la sienne, j'ai tapissé le fond de la vitrine en question, une vitrine haute et très encaissée, d'un simple miroir. Ce procédé permettait, on l'imagine sans peine, de renvoyer au visiteur une image d'*Homo sapiens sapiens*, la sienne, l'impliquant évidemment personnellement et sans recours dans l'aventure évolutive qu'il venait d'apprendre. Les 6 000 commentaires portés par les visiteurs sur les registres déposés à la sortie de l'exposition ont brillamment démontré, s'il en avait été besoin, l'extraordinaire impact de cette prise de conscience qui est, au sens strict, une réflexion.

Ayant pratiquement fait carrière au Muséum national d'Histoire naturelle de Paris où je suis entré comme chercheur en 1956 et au Musée de l'Homme que j'ai successivement sous-dirigé, codirigé, puis dirigé (on dit « coordonné ») depuis 1969, je voudrais souligner l'importance du concept de musée dans la diffusion des connaissances. Le musée est, pour moi, à la fois le conservatoire d'un certain patrimoine et sa vitrine. Mais comme tout homme, où qu'il soit, doit avoir, à tout moment, accès à toute la connaissance – ce qui, pour les sciences humaines, se traduit par : doit avoir accès à tout moment à la culture de l'autre en même temps qu'à la sienne propre – chaque nation devrait pouvoir s'équiper, à plus ou moins long terme, de musées consacrés à sa propre culture – ce qui est de plus en plus le cas – mais aussi à toutes les autres cultures du monde – ce qui n'est que bien rarement le cas. Pour le moment, en effet, seuls les pays à tradition muséale ancienne ont le privilège de pouvoir présenter à leurs visiteurs une véritable vitrine du monde, tandis que la plupart des autres pays de la Terre n'en sont qu'à se doter, tant bien que mal, de musées à vocation locale, régionale ou, au mieux, nationale.

Je serai vraiment heureux le jour où le Musée de Brazzaville, je dis Brazzaville parce que j'en reviens, se trouvera en mesure de présenter des collections de costumes niçois et de coiffes bretonnes au même titre que ses propres costumes, comme aujourd'hui le Musée de l'Homme et le Musée des Arts et Traditions populaires peuvent offrir à Paris un échantillon des objets d'art et d'artisanat du Congo aux côtés de ceux de Bretagne ou du Comté de Nice.

Tout objet appartient évidemment au pays d'où il provient.

Mais un immense programme de dépôts, de prêts et d'échanges, devrait être mis en place pour permettre ainsi à chacun de comprendre un peu mieux les autres. L'ensemble des collections de tous les musées du monde deviendrait d'ailleurs, insensiblement, de cette façon, le patrimoine de l'humanité et la propriété de tous.

Je me tourne vers cette grande et belle institution qu'est l'Unesco, car ce programme pourrait parfaitement devenir un des siens (...).

Bilan

Informer le public des résultats de mes travaux et de l'évolution de ma discipline a toujours fait partie de mon activité – j'ai écrit mon premier article de vulgarisation scientifique dans la revue *Sciences et Avenir* en juillet 1952. C'est en fait un bilan d'un quart de siècle (1960-1984) dans ce domaine que je présente ici. Auparavant, j'étais plus occupé à enregistrer l'information qu'à la diffuser...

Cette activité, mue par l'idée que la vulgarisation fait partie des devoirs du scientifique, s'est fixée pour principe dès l'origine de ne jamais solliciter les médias mais de leur répondre chaque fois que cela était possible quand ils étaient demandeurs et de ne jamais faire de concession sur la rigueur du discours mais d'accepter voire de suggérer les véhicules les plus variés pour transporter ce discours puisqu'il est bien évidemment destiné à tous les publics... d'où, par exemple, la création de timbres-poste ou la participation à la réalisation d'une pièce de théâtre mettant en scène des hommes préhistoriques ou à la production d'un feuilleton radiophonique, « *Lucie* », racontant en une cinquantaine d'épisodes de vingt minutes, la rencontre, au travers d'un miroir, d'une jeune fille contemporaine et d'une jeune femme de 3 millions d'années...

Je constate avec joie que l'intérêt pour la recherche paléontologique et préhistorique s'est beaucoup développé en vingt-cinq années : 300 000 visiteurs en dix-sept mois à l'exposition sur les « Origines de l'Homme » au Musée de l'Homme de Paris (plus que pour n'importe quelle autre exposition de ce musée depuis sa fondation) : 180 000 visiteurs en huit mois à l'exposition « 3 millions d'années d'aventure humaine » au Muséum national d'Histoire naturelle; un préhistorien choisi pour la couverture de *Time magazine* en 1977 [1] : 459 000 exemplaires d'un ouvrage sur nos origines vendus en sept ans, après avoir été traduit en 8 langues... (...)

L'effort des scientifiques pour transmettre l'information y est évidemment pour quelque chose, mais le besoin de chacun de se tourner vers le passé pour comprendre la nature de l'Homme et tenter dans une période qui, pour beaucoup, paraît d'anxiété d'entrevoir son avenir, a dû jouer un rôle encore plus important.

Le public ne s'y est pas trompé

(...) Dans l'enchaînement des êtres aux noms latins parfois insolites qui racontent l'histoire d'une transformation, on pourrait ne voir qu'une démonstration de plus des théories de l'Évolution, et dans l'apparition, au bout de la route, du genre *Homo* que nous sommes, un exemple de plus de monophylétisme.

Mais là où le fait scientifique tout à coup se prolonge, c'est lorsque l'on réalise que la mise en évidence de cet enchaînement signifie que nous faisons partie d'une lignée tout à fait comparable aux autres lignées animales et végétales, et que nous demeurons par suite extrêmement dépendants de notre corps, toujours susceptible de transformations. Et c'est aussi lorsque l'on réalise que le monophylétisme du genre *Homo* veut dire que tous les hommes de la Terre ont la même origine et la même durée d'histoire quelle que soit la variabilité actuelle de leurs adaptations.

Dans la progression spectaculaire de la taille de la pierre et

---

1. Richard Leakey.

de l'os et la multiplication des formes au fil des millénaires, on pourrait tout aussi bien se contenter d'admirer le développement des techniques et l'étonnant accroissement des connaissances humaines. Dans la transformation des climats qu'ont subie nos ancêtres, on pourrait ne voir évidemment qu'une simple instabilité du décor. Mais, ici encore, l'implication devient considérable lorsque l'on constate que la croissance cumulative et exponentielle de la culture semble avoir eu une action sur l'évolution anatomique des artisans de cette culture (figure 5). Ou lorsque l'on établit qu'il y a eu un rapport incontestable entre les changements climatiques et les changements biologiques des genres et des espèces successifs de notre arbre généalogique (figure 4).

En plus de la merveilleuse histoire de notre Humanité, nous voici donc certains d'être tous des frères, d'être ensemble soumis aux lois de la vie, malgré l'impression que nous avions d'en avoir la maîtrise : de demeurer fortement influencés par la culture que nous fabriquons; et d'être encore susceptibles de nous transformer sous la pression des changements du milieu dans lequel nous vivons et sans lequel nous ne pourrions vivre.

Que l'on y réfléchisse.

Mais que l'on cesse de faire une différence naïve et à bien court terme entre sciences fondamentales et sciences appliquées. La préhistoire et la paléoanthropologie – sciences « gratuites » par excellence – se trouvent tout à coup placées sur le devant de la scène pour nous apporter leurs secours.

Le public, lui, ne s'y est pas trompé.

Le passé rassurant

(...) Le succès que connaît actuellement à travers le monde entier la recherche des origines de l'Homme, des diverses étapes de son évolution et du développement de ses cultures est un phénomène social qui ne peut échapper à personne. L'Homme a toujours manifesté un intérêt pour son passé mais cet intérêt n'a jamais atteint l'engouement des vingt dernières années. Au moment où la démographie s'emballe, où l'environnement se dégrade, au moment où se développent certaines technologies inquiétantes et où débute la fantastique aventure de l'espace, l'esprit ne parvient plus à suivre la science et des angoisses se font jour. Or il semble que, pour se rassurer, l'Homme se soit tourné vers son passé; il y cherche son identité, son origine et, sans doute, consciemment ou non, son avenir. La préhistoire est ainsi devenue la science que l'on questionne; elle apprend aux Hommes qu'ils ont la même origine, beaucoup plus ancienne et beaucoup plus enracinée dans le monde animal qu'ils ne l'imaginaient, qu'ils sont plus dépendants des lois biologiques qu'ils ne voudraient parfois le croire et que le développement de leurs cultures et la transformation de leur environnement jouent un rôle essentiel dans leur évolution. C'est à la fois un message d'espoir et de mise en garde, une main tendue au passé et un regard plus serein de l'avenir. D'un bout à l'autre du monde, en faisant connaître à l'Homme son passé qu'elle découvre, la préhistoire est en train de réaliser peu à peu une transformation psychologique de l'humanité, peut-être même une révolution.

Les leçons de la préhistoire

Les problèmes de l'origine de l'Homme ne peuvent évidemment qu'éveiller notre intérêt puisqu'ils traitent de notre propre origine.

Mais je crois qu'il convient de prendre conscience aussi du fait que, bien au-delà de cette curiosité intellectuelle, la paléoanthropologie et sa compagne, la préhistoire, sont bien moins inoffensives qu'elles n'en ont l'air.

Ces sciences nous ont appris que l'Homme était un être issu du monde animal. Et cette toute première constatation se trouve déjà très chargée d'implications philosophiques. C'est le moins que l'on puisse en dire. Elle constitue d'ailleurs le sujet de bien des discussions dans encore beaucoup de régions et de sociétés à travers le monde.

Ces sciences ont, en outre, daté pour nous le moment de l'indépendance de notre lignée. Il a été fixé à une bonne vingtaine de millions d'années [1]. Elles nous ont encore démontré que Chimpanzés et Gorilles partageaient alors avec les Hommes un aïeul commun. « Si c'est vrai, pourvu que ça ne se sache pas », disait déjà la femme de l'évêque de Worcester en entendant exposer les idées de Darwin.

Ces sciences du passé nous ont encore appris que l'Homme était né sous les tropiques de l'Ancien Monde; le berceau de notre propre famille est donc quelque part dans cette partie que l'on appelle tiers avec parfois quelque condescendance...

Et puis elles nous confirment, à chaque découverte, que cette origine fut unique, et que les 4 milliards et demi d'hommes qui peuplent la terre en 1981 et qui sont les descendants de 200 000 générations sont tous frères, que les sociétés ont toutes le même poids d'histoire, qu'il n'y a pas de primitifs et d'évolués, de sauvages ou de civilisés mais seulement des Hommes qui, pour s'adapter aux différentes latitudes, ont développé différentes cultures.

La paléoanthropologie et la paléontologie nous ont aussi appris que l'Homme était apparu au moment d'une transformation du climat, en l'occurrence un assèchement, et peut-être bien à cause de cet assèchement. Doté d'un cerveau deux fois plus gros que celui de son ancêtre immédiat et équipé, contrairement à cet ancêtre, d'une denture adaptée à la consommation d'une nourriture aussi bien carnée que végétarienne, ce premier homme s'est trouvé doublement mieux armé dans un milieu où il était beaucoup plus vulnérable.

En raccourci, nous pourrions presque dire que nous sommes les fruits d'une sécheresse, nés d'une transformation de l'environnement, omnivores opportunistes, en quelque sorte. Grande leçon à retenir quant au rôle qu'a pu avoir et que peut encore parfaitement jouer l'environnement dans notre évolution biologique.

---

1. Chiffre ramené aujourd'hui à huit.

Et que dire de la culture, ce phénomène nouveau dans le processus évolutif, qui apparaît sous la forme de petits éclats de pierre à peine retouchés il y a 3 millions d'années et qui fait aujourd'hui communiquer par la parole, par l'écriture, par l'art, par l'image, et par les divers autos-motos-avions-navettes, tous les hommes de la Terre. La paléoanthropologie et la préhistoire nous ont appris que cette culture, à l'allure de simple épiphénomène, intervenait en fait très profondément dans l'évolution de l'Homme, au point de transformer complètement chez lui le processus de spéciation. Les *Homo habilis*, *Homo erectus*, *Homo sapiens* ne sont plus de véritables espèces mais des stades morphologiques au sein d'un vaste continuum.

Il n'est guère besoin de commenter tous ces résultats énumérés pour saisir combien la paléoanthropologie, la préhistoire, la paléontologie sont des disciplines sournoises. Sous le couvert innocent de la recherche gratuite, je crois très sincèrement qu'elles sont en train de changer l'esprit des hommes.

Et comme ce changement va dans le sens d'une meilleure connaissance de la nature de l'Homme, de l'établissement, avec une meilleure précision, de l'ancienneté de son origine et des modalités de son évolution, de la construction, dans une certaine mesure, des perspectives de son avenir, ces disciplines travaillent, au fond, et de manière plus efficace qu'on imagine, pour la fraternité et pour la paix (...).

Une exposition : sa conception

Quand j'ai été nommé en 1969 à la sous-direction du Musée de l'Homme, j'ai proposé au directeur une exposition sur le thème des origines de l'Homme. Mon projet a été reçu avec d'autant plus d'enthousiasme que pour le professeur Gessain ce n'était pas un projet nouveau; l'idée circule donc dans la Maison depuis une demi-douzaine d'années déjà et le personnel avait fini, on le comprend, par se désespérer de la voir un jour prendre corps [1].

---

1. Écrit en 1976.

Une certaine expérience du public m'avait appris que le sujet passionnait mais aussi que les documents, ossements et cailloux, qui permettent de le construire, n'intéressaient pas ou peu s'ils n'étaient pas très précisément expliqués. Enfin, voici sur pied notre tentative d'exposition de ce que fut l'histoire naturelle de l'Homme.

(...) Afin de faire apprécier les deux notions fondamentales qu'il est indispensable de posséder pour aborder un tel sujet, la notion de temps et celle d'évolution, deux notions d'ailleurs intimement liées, nous avons d'abord tenu à prendre le plus de recul possible. L'escalier d'accès au premier étage nous a servi à montrer l'immensité des temps géologiques et la place très récente qu'occupe l'histoire de l'Homme (3 à 4 millions d'années) dans le cadre de l'histoire de la Terre (5 milliards d'années) et dans celui de l'histoire de la Vie (4 milliards d'années); tout en meublant l'escalier, ce procédé avait l'avantage de faire vivre au visiteur la dimension du temps et mesurer lui-même « dans les jambes » les proportions des différentes époques et la relativité de l'ancienneté de l'Homme.

Ayant expliqué l'Évolution comme un phénomène biologique qui fait que la vie se transforme et se complique avec le temps, le tableau qui propose la hiérarchie de la classification naturaliste du règne à l'espèce en passant par l'embranchement, la classe, l'ordre, la famille et le genre, présente par suite en même temps le sens de cette évolution : des deux grands embranchements animaux, celui des Vertébrés apparaît en effet le dernier et la classe des Mammifères est la dernière née de toutes les classes de Vertébrés. Or l'Homme est un Vertébré; c'est aussi un Mammifère et parmi les Mammifères il appartient au groupe des Primates.

Persuadé, comme nous l'avons déjà dit, que le recul permet une meilleure appréhension du sujet, c'est avec l'origine des Primates que nous avons décidé de commencer l'exposition proprement dite; après avoir acquis la notion de temps et celle d'évolution des espèces, le visiteur en arrive donc au corps de l'exposition qui se présente comme un cheminement à travers les 70 derniers millions d'années; nous avons divisé cette tranche de temps en trois parties inégales. Les découvertes de ces quinze dernières années en Afrique relatives à la période comprise entre 2 et 10 millions d'années, ayant été de loin les plus importantes et les plus révolutionnaires puisqu'elles ont permis de voir apparaître l'Homme et la Préhistoire après les avoir vieillis de plus des trois quarts de leur durée, occuperont le fond de l'exposition sur toute la largeur de la salle et représenteront la seconde partie; c'est en effet beaucoup à cause de ces découvertes qu'a lieu l'exposition; c'est aussi parce que j'ai participé à ces découvertes que je suis commissaire de cette exposition. La première partie, de 70 millions à 10 millions d'années est donc une façon d'introduire cette période privilégiée; la troisième partie, de 2 millions d'années à aujourd'hui est une manière de la rattacher au monde contemporain.

La première partie est divisée en quatre tranches que j'ai appelées : préface : le Primate apparaît; introduction : il augmente sa taille; premier chapitre : il acquiert 32 dents; deuxième chapitre : il se redresse. La seconde partie se confond avec le troisième chapitre : il taille l'outil. Quant à la troisième partie, elle se divise en deux : quatrième chapitre : il maîtrise le feu; cinquième chapitre : il enterre ses morts.

Ces sept grandes étapes, un peu arbitraires, sont évidemment destinées, tels des poteaux indicateurs de kilométrage, à jalonner le cheminement d'un certain nombre de grands événements repères, choisis eux aussi un peu arbitrairement; ils aident à suivre la transformation du Primate en Homme, en montrant la manière dont nos traits se mettent peu à peu et successivement en place; parallèlement aux traits physiques, on peut, de la même façon, suivre l'évolution des productions culturelles, de l'outil utilisé hypothétique des Hominidés du deuxième chapitre à l'apparition de l'outil taillé du troisième et à son perfectionnement continu jusqu'aux industries très élaborées du peintre du cinquième et dernier chapitre.

Afin de rappeler au visiteur d'où ces documents proviennent et d'évoquer en même temps la manière dont ils sont mis au jour, l'ensemble de la salle d'exposition a été traitée comme la surface, « l'affleurement » dit-on, d'un gisement paléontologique, paléoanthropologique et préhistorique composite; ce sol montre la façon dont apparaissent quelquefois les pièces à la surface du sol, naturellement dégagées par l'érosion et la façon dont le fouilleur s'y prend pour décaper un niveau fertile. Ce sol nous a permis en outre de traiter des quatre questions les plus souvent posées par le public de conférences :

— Comment savez-vous que cet os est un os d'Homme?

— Comment savez-vous que ce caillou est taillé?

— Comment pouvez-vous connaître l'âge de ces vestiges?

— Comment faites-vous pour reconstituer le milieu dans lequel vivaient ces Hommes?

Nous nous sommes efforcés d'y donner les réponses en expliquant comment se faisaient la lecture de l'os, la lecture de la pierre, la lecture de l'âge et la lecture de l'environnement.

Le cheminement se fait sur des planches comme au-dessus d'un sol en cours de fouille; les vitrines en émergent comme si elles présentaient ce qui vient d'en être fraîchement extrait; elles apparaissent en outre, comme des fenêtres sur les grands gisements paléoanthropologiques du Monde.

Pour compléter cette information, deux programmes audio-visuels situés aux deux extrémités de la salle et un très long panneau faisant face à l'entrée, exposent au public quelques-unes des activités de laboratoires, ce qui se passe dans la coulisse entre la récolte du document (dans le sol) et son interprétation (dans les vitrines) : les procédés de préparation, de dégagement, de consolidation, de reconstitution, de moulage, de conservation, d'analyses, d'études, etc. (...)

Une exposition : sa nécessaire actualisation

(...) Bien que la recherche dans ces domaines de la paléoanthropologie et de la préhistoire avance très rapidement, entraînant, dans sa progression, des transformations fréquentes, l'exposition « Origines de l'Homme » et le catalogue qui la reflète, n'ont pas eu besoin de profonds remaniements. Et ceci, sans doute, parce que le propos y était envisagé de manière suffisamment générale mais aussi parce que la grande période d'activité de terrain des chantiers est-africains a marqué depuis cinq ans une sorte de pause.

On peut tout de même dire que de nouvelles recherches au Fayoum en Égypte ont fait mieux connaître les grands Primates de l'Oligocène et qu'en conséquence leur descendance apparaît beaucoup moins clairement !

De nouveaux travaux sur les grands Primates miocènes du Pakistan et de Chine ont fait classer les plus anciens dans une famille, les Dryopithécidés, les plus récents dans une autre, les Ramapithécidés et que l'on ne sait plus très bien qui devient quoi !

Enfin des analyses récentes des Hominidés pliocènes ont fait considérer le plus ancien d'entre eux, *Australopithecus afarensis*, comme l'ancêtre de tous les autres, Australopithèques et Hommes.

J'aurais tendance, pour simplifier, à résumer ainsi ces travaux : une demi-douzaine de radiations successives apparaissent depuis l'Oligocène dans les Primates de l'Ancien Monde; la première, Oligocène inférieur, est celle des Apidium, Parapithèques et des premiers Simiens à 32 dents; la seconde, Oligocène supérieur, est celle des Aegyptopithèques et des Propliopithèques qui voit peut-être naître les grandes lignées de Primates supérieurs; la troisième, Miocène inférieur, regroupe tous les Dryopithèques, Limnopithèques et quelques autres dont les caractères de Grands Singes s'imposent; la quatrième, Miocène supérieur, comprend, avec les derniers des Dryopithèques, tous les Primates supérieurs, déjà adaptés à la vie à terre, Ramapithèques, Sivapithèques, Gigantopithèques; la cinquième est celle, Pliocène, strictement africaine, des Australopithèques, Hominidés bipèdes, cette fois bien caractérisés et la sixième, enfin, est celle, Pléistocène, des derniers Australopithèques et des premiers Hommes (figure 2).

A travers ces radiations, de multiples itinéraires sont possibles, des longs partant des Propliopithèques, Aegyptopithèques et se frayant une route à travers Dryopithèques, Ramapithèques et Australopithèques et des courts ne commençant guère avant les Australopithèques.

D'importants travaux de biochimie, immunologie, caryologie sont venus en outre depuis quelques années rappeler aux paléoanthropologues, à l'aide de nombreux résultats frais, que les Grands Singes africains, Chimpanzés notamment, étaient beaucoup plus proches de nous qu'on ne l'imaginait souvent et qu'il vaudrait mieux retenir les itinéraires courts. L'information est précieuse mais elle ne peut aider à établir ni l'étalonnage chronologique des étapes de notre phylogénie ni l'âge de l'indépendance de notre lignée.

Il reste donc, et les paléoanthropologues s'en réjouissent, à mettre au jour beaucoup d'autres fossiles pour mieux jalonner notre histoire.

Cette exposition a duré presque un an et demi au Musée de l'Homme (novembre 1976-mars 1978), prolongée trois fois et arrêtée seulement parce que l'exposition suivante ne pouvait plus attendre; 300 000 personnes sont venues la voir, ce qui est beaucoup plus que pour aucune autre exposition au Musée de l'Homme depuis la fondation de ce Musée. Sa tentative de répondre à quelques-unes des questions les plus fondamentales de l'Homme, « Qui sommes-nous? » « D'où venons-nous? » et, dans une certaine mesure, mais dans une certaine mesure seulement, « Où allons-nous? », est probablement la meilleure raison de son succès.

L'enseignement du temps et des autres

Préfacer un excellent ouvrage est un honneur et un plaisir; préfacer un ouvrage destiné aux enseignants et, à travers les enseignants, aux enfants, est un privilège et une responsabilité. Je suis particulièrement touché d'avoir été sollicité pour tenter de remplir ici cette double tâche et j'ai l'impression, sans doute présomptueuse, d'en mesurer la portée.

Le livre d'André Gidali n'est en effet pas commun; commencer par une interview d'un archéologue départemental, par la liste des musées français qui offrent des expositions permanentes de préhistoire ou par les adresses des bureaux des circonscriptions des antiquités préhistoriques qui découpent le territoire national et finir par une sélection de conseils destinés à rendre l'enseignement de la préhistoire compréhensible et même attrayant tout en demeurant rigoureux n'est pas le plan auquel on s'attend en ouvrant un manuel de cette discipline, même s'il est spécialement écrit pour les écoles. Il fallait, réunies chez le même auteur, une grande expérience de l'enseignement et la passion de l'histoire de l'Homme, pour avoir eu l'idée d'encadrer ainsi les meilleures connaissances théoriques par les modes d'emploi de leur transmission. Entre l'ouverture documentaire et la fermeture pédagogique se déroule en effet une belle partie centrale, synthèse érudite de ce que l'on sait de l'Homme fossile, de son cadre naturel et de son comportement. Là encore, il est agréable de souligner le grand souci de l'auteur de faciliter aux enfants l'accès au monde parfois ingrat du passé qui, après tout, est un monde que l'on pourrait, de manière caricaturale, considérer comme essentiellement déduit de l'interprétation de beaucoup de cailloux et de quelques ossements. Après avoir mis en place climat et chronologie, André Gidali, évoquant à la fois la quotidienneté et la pérennité des problèmes, va en effet appeler familièrement ses chapitres : « se chauffer », « s'éclairer », « se nourrir », « se protéger », « travailler », « se déplacer », etc., au lieu de les nommer « la conquête du feu », « l'acquisition de l'omnivorie », « les sols d'habitat », « les industries lithiques », « les migrations », etc. Et ces sous-titres rassurants recouvriront en fait, il ne faut pas s'y tromper, une information tout à fait à jour, souvent technique, parfois complexe, et qui nécessite de toute façon une certaine initiation, mais c'est là le travail de l'enseignant.

Comme André Gidali et comme mon ami Philippe Andrieux, archéologue départemental du Val-de-Marne à qui revient l'initiative d'avoir mis l'auteur en relation avec son préfacier, je suis profondément convaincu de l'extrême importance de l'enseignement de la préhistoire dès le premier cycle scolaire et je n'ai pas l'impression d'être excessif en écrivant cela. Il me semble, par exemple, que cette discipline est par excellence celle qui doit faire découvrir et rendre peu à peu familière, autant que faire se peut, la difficile notion de temps et de ses extraordinaires dimensions; il me semble que c'est, au moins, un des enseignements qui doit aborder, par le seul énoncé des données acquises, l'idée de mobilité des êtres et des choses, le phénomène évolutif, mais aussi le mouvement des terres et des mers, la transformation de l'atmosphère, des climats, des reliefs, en un mot la dynamique de la vie et de son environnement; il me semble que c'est aussi celui qui doit conduire, par la seule description des découvertes et l'exposé de leur ordre de succession, à des déductions telles que celle du profond enracinement de notre famille dans le monde animal, de l'extrême proximité de notre parenté avec le chimpanzé, de l'unicité de notre origine, du rôle du milieu et de celui consécutif de l'outil, de la société, de la communication dans notre développement, etc. Même si ces résultats ne sont pas commentés, il me semble qu'ils doivent apporter d'eux-mêmes une ampleur d'appréhension de l'existence, une relativité du jugement, une distance, qui ne peuvent être que bénéfiques à une éducation : il me semble enfin qu'ils ne peuvent que révéler, au travers de la grande aventure de l'Homme et de la richesse de ses réalisations, toutes du même âge et aussi diversifiées que le sont les milieux auxquels il a su s'adapter, la valeur essentielle de sa dignité, le respect de l'autre.

A l'époque extraordinaire de cette fin du IIe millénaire où cet Homme, représenté par près de 5 milliards des siens, est en train d'établir la première société mondiale, de maîtriser son milieu et de conquérir l'espace, il est fondamental de rappeler à ses enfants le privilège de sa conscience réfléchie, la grandeur de sa liberté, mais aussi la persistance de sa dépendance biologique et les dimensions de ses responsabilités; il est fondamental de leur enseigner son passé.

L'enseignement de l'Évolution

Lorsque j'ai ouvert pour la première fois *Au bon temps des Mammouths*, j'ai immédiatement pensé à l'immense joie que j'aurais éprouvée si j'avais reçu ce beau livre au collège, un jour de distribution des prix. Passionnant comme un conte, fascinant comme une leçon de sciences, ce livre a, en effet, aussi l'élégance d'un cadeau par la recherche de sa composition, la préciosité de sa typographie, la richesse de son illustration.

Reprenant mes fonctions de préfacier, j'ai alors pensé que cet ouvrage était également étonnant par la force de sa séduction et par l'importance probable de son efficacité.

Séduisant, il l'est par la poésie de son discours : « le feu, est-il écrit quelque part, c'est le réchauffement possible, c'est la cuisson qui rendra la viande meilleure... c'est la sécurité dans la nuit, c'est la lueur d'espoir »; il l'est aussi par la qualité de ses images : que l'on apprécie plutôt le gracieux éventail des industries, ou l'étonnante « ouverture » des esprits. Efficace, il le sera sans doute par son rapport au monde du lecteur; souvenons-nous des bulletins météo ou des cylindrées des endocrânes; il le sera encore par la participation qu'il exige de lui; l'établissement des quatre dernières générations de son arbre généalogique ou la reconnaissance des animaux égarés dans les temps des glaciations en sont de bons exemples.

Il a été publié un certain nombre d'essais de cette nature à travers le monde, notamment le monde anglo-saxon; or je suis très impressionné par l'originalité de celui-ci en le comparant précisément à ceux-là. Tout en se trouvant à leur niveau quant à la rigueur de son information, il les dépasse sans peine en ce qui concerne la fréquence de ses inventions; textes et dessins, les uns courts mais très denses, les autres, simples mais très élaborés, se coalisent pour retenir l'attention et mobiliser la mémoire. Tout à fait conscient de la somme de travail que représente une telle réalisation, je tiens à féliciter chaleureusement pour son initiative, ses efforts et la finition de son entreprise, l'équipe du Musée des Sciences naturelles d'Orléans sous l'autorité de D. Jammot, conservateur, et la collaboration de C. Duchiron, conférencière.

C'est aux enfants, dès le plus jeune âge, qu'il faut apprendre les notions de profondeur du temps et d'évolution des espèces; il s'agit à la fois de leur faire percevoir une dimension à part entière et pas des moindres et une des lois les plus fondamentales qui régissent l'ensemble du monde vivant. Ces notions sont évidemment élémentaires et l'on reste confondu lorsque l'on réalise qu'elles ne font en fait que rarement partie du « bagage » minimum de l'éducation des enfants, quel que bien entendu soit leur pays d'origine.

Lorsque ces idées générales sont posées, il devient facile d'aborder l'histoire de l'Homme, d'en raconter l'origine unique, tropicale et est-africaine, et puis l'expansion à l'échelle du monde, l'évolution du corps et l'apparition de l'esprit, l'émergence de la culture, produit de la biologie, son développement extravagant et son influence en retour sur le développement biologique lui-même (figure 5), etc.

Comment parler de notre monde d'aujourd'hui et à plus forte raison de son avenir, envisager ses problèmes naturels ou culturels et leur proposer la moindre solution sans savoir que ce sont l'environnement d'abord, la culture et la société ensuite qui ont fait l'humanité? Comment peut-on comprendre la répartition et la diversité des 5 milliards d'Hommes qui peuplent la Terre mais aussi les limites de cette diversité sans savoir que tous ces Hommes sans exception ont le même âge, et sans connaître, à partir de leur berceau commun, les itinéraires et le calendrier de leur cheminement?

Tout ouvrage de préhistoire véhicule nécessairement, explicitement ou non, l'ensemble de ces données. C'est donc un devoir que d'en favoriser la promotion. Quand, en plus, cet ouvrage se trouve être rempli de talent et d'idées de telle manière que les données en question puissent être non seulement comprises mais retenues sans effort, une réelle joie s'ajoute au devoir mentionné.

C'est précisément cette joie que j'ai ressentie en rédigeant ces quelques lignes d'ouverture *Au bon temps des Mammouths*, initiation érudite et habile à l'histoire naturelle et culturelle de l'Homme, celle que l'on appelle préhistoire lorsqu'elle dépasse quelques millénaires.

Lascaux : vision d'un cinéaste

Lorsque Mario Ruspoli m'a fait l'honneur et l'immense plaisir de me demander de préfacer son beau livre, je lui ai fait savoir combien j'étais touché par sa requête et avec quel enthousiasme j'y accédais, mais je ne lui ai pas dit par contre avec quelle curiosité je m'interrogeais aussi sur ce qu'il avait bien pu écrire de nouveau sur Lascaux si ce n'est décrire le tournage dont il avait été chargé. C'était sans compter avec le regard d'un homme d'images chez qui s'allient passion et rigueur, connaissance et rêve. Ce livre, enchanteur et complet, trouve en effet le moyen d'être original.

Mario Ruspoli qui a tout lu sur le paléolithique supérieur semble bien être, des amoureux de cette époque, celui qui en a approché de plus près l'esprit. Lorsqu'il décrit les paysages, les animaux, la vie sous la tente en peau de renne ou dans les huttes de fortune bâties dans la grotte elle-même, l'auteur est devenu un peu un Magdalénien : « Nous communiquions, avoue-t-il quelque part, avec les pulsions mystérieuses d'une humanité fossile. »

Mais par l'admirable catalogue des grands mammifères, mets ou modèles, par la description digne de l'ethnologue des équipements du chasseur ou du peintre, par l'évocation des problèmes de datations du site ou par celle de l'interprétation des pollens qu'il a livrés et par tant d'autres sujets encore, Mario Ruspoli ne fait pas moins œuvre de préhistorien. C'est sans doute d'ailleurs un des tours de force de ce livre, qui parle d'images et ne cesse d'imaginer, de demeurer un ouvrage scientifique. Bien des observations, des remarques viennent susciter çà et là une réflexion nouvelle, un débat nouveau et ouvrir des voies de recherche encore inexplorées; je pense à l'interprétation des signes s'exprimant comme des sons et qui pourraient être à l'origine de l'écriture; je pense à l'interprétation des gravures considérées, à cause des conventions stylistiques qui président à leur traitement, comme des œuvres de peintres. Et l'œil de l'auteur, peut-être parce qu'il est derrière la caméra, va encore révéler aux préhistoriens un trait commun à toutes ces œuvres et qui paraît essentiel : les peintures, les gravures, les fresques sont liées entre elles, elles sont faites pour être regardées en avançant. La peinture du Cheval renversé, enroulé autour d'un pilier, impossible « à photographier » en entier faute de recul est sans doute par excellence l'exemple du plan que seule la caméra peut rendre dans son ensemble.

(...) Je tiens à rendre aussi un hommage particulièrement chaleureux au travail extraordinaire de l'équipe qui a réalisé ce *Corpus*.

Au milieu de contraintes techniques multiples et des problèmes inévitables de rapports de personnalités, elle a fait œuvre pionnière. Toutes ces peintures, gravures, sculptures, tous ces bas-reliefs, admirablement conservés par-delà les dizaines de millénaires, demeurent à la merci de bon nombre de causes de dégradations, prévisibles ou non : excès de visiteurs, vandalisme, infiltrations, microclimats, etc. La mise en banque du relevé photographique et cinématographique de ce patrimoine va permettre non seulement de sauver l'information que portent en elles ces œuvres grâce à la fidélité admirable qu'autorisent les techniques actuelles et à la qualité de ceux qui les maîtrisent mais aussi de faire connaître aux milliards d'hommes contemporains et à venir, par duplication à l'infini, la grandeur des cultures de leurs ancêtres. C'est un immense pas fait dans le sens de l'émergence de ce nouvel humanisme qui peu à peu se dégage de la connaissance des hommes de tous les lieux et de tous les temps.

Post-scriptum : *Mario Ruspoli n'aura pas eu, hélas! le bonheur de voir « sortir » son livre; il nous a quittés le 13 juin. Que ces quelques lignes tristement ajoutées juste avant l'impression, expriment avec l'émotion du préfacier, l'hommage qu'il souhaite rendre à la mémoire d'un homme de cœur, curieux et passionné, plein de talent et d'idées, celle d'un grand ami.*

La hanche de l'Afrique : vision d'un sculpteur

Entre la grande faille qui casse l'Afrique tropicale et l'Océan Indien, dans cette région privilégiée que l'on nomme la corne de l'Afrique alors qu'elle en est la hanche, se situe le berceau si longtemps promené de l'humanité (figure 4). Du bassin géniteur, symbole du continent noir, Jean-Claude Barreault a fait ainsi jaillir la première famille du premier homme d'où descendront tous les autres Hommes de tous les temps. Pour le préfacier qui s'efforce depuis un quart de siècle de démontrer que notre origine est unique, tropicale et africaine, c'est évidemment la plus belle des allégories.

Mais l'on se sent, de toute façon, très bien dans le monde imaginaire de Jean-Claude Barreault; peuplé d'animaux et d'humains aux formes rondes, aux mouvements élégants, aux matières colorées, c'est une compagnie que l'on aimerait sans cesse caresser comme une peau, soulever comme un corps, prendre comme un œuf pour mieux en percevoir les lignes, le volume, la température, le poids. Une œuvre de Jean-Claude Barreault se touche. Et dans leurs attitudes, dans leurs élans, dans leurs tensions, tous ces êtres vivent et se transforment au fil des heures, des jours, des lumières, des situations; un puissant rhinocéros passe son chemin, un phoque se faufile entre deux eaux, une femme s'étire, un couple se frôle, un corps se dénoue, deux autres s'enlacent... Entré par surprise un soir dans ce monde fascinant, je n'en suis jamais ressorti.

Passionné et curieux de tout, l'Homme qui crée ce monde possède exceptionnellement associées la sensibilité de l'artiste et la rigueur du chercheur. Quant à son extraordinaire talent, il est partout.

L'Homme entre en scène : vision d'un acteur

Le Musée de l'Homme et la Société des Amis du Musée de l'Homme ont le très grand plaisir de vous présenter, ce soir, un spectacle tout à fait original.

C'est en effet la première fois que le support du théâtre est employé pour parler de l'Homme fossile, je devrais dire, pour présenter en chair et en os ce que nous autres pauvres scientifiques n'avons qu'en squelettes et même en fragments de squelettes dans nos coffres : nos ancêtres des 5 derniers millions d'années.

Imaginez un comédien passionné de préhistoire. Que fait-il? Eh bien, il essaye d'allier ses deux passions. Il porte à la scène les acteurs des centaines de millénaires qui nous ont précédés et il le fait à la fois avec la rigueur scientifique de sa passion pour le passé, ce qui n'est pas fréquent, et la fantaisie dramatique de sa passion pour le théâtre. Et c'est ainsi que fut réalisée, pour la toute première fois, une sorte de pièce sérieuse ou de conférence drôle, en tout cas une drôle de conférence sur nos origines. Ce comédien s'appelle Bernard Avron.

Avant de lui céder les planches, je tiens à lui dire, à lui, et à sa troupe, ainsi qu'à Monique Luyton qui a réalisé les masques, combien je suis heureux de les accueillir enfin *aux sources*, dans la Maison où les vrais morceaux d'Hommes préhistoriques reposent et combien j'ai apprécié, dès leur première visite au Musée de l'Homme, l'originalité et la rigueur de leur démarche.

Cette tribune me donne l'occasion de dire encore une fois ce que je ne cesse de répéter. A partir du moment où l'information scientifique est sérieuse, les moyens de sa diffusion peuvent prendre toutes les formes possibles de la séduction; c'est alors une affaire de professionnels de la transmission, qui ne regarde plus les scientifiques. J'ai personnellement largement utilisé l'enseignement et les musées, la presse écrite et parlée, le cinéma, la télévision et la bande dessinée, l'affiche et le roman radiodiffusé. Je n'avais pas encore pensé à la scène, Bernard Avron va nous donner ce soir une brillante démonstration de la puissance de ce moyen millénaire, mais nouveau pour notre propos, qu'est le théâtre pour éveiller, informer, éduquer.

Voici donc « Plus ou moins bêtes ou le plus que passé », une pièce de Bernard Avron.

SOURCES

Allocution lors de la remise du prix Glaxo de vulgarisation scientifique, 28 novembre 1978, manuscrit.

Prix scientifique de la Fondation de France, dossier Yves Coppens, exposé, document dactylographié, 1975.

Allocution du professeur Yves Coppens, co-lauréat du Prix Kalinga 1984. *In : le prix Kalinga 1984, l'art de la vulgarisation scientifique, co-lauréats : professeur Yves Coppens, Académicien Igor Petryanov*, UNESCO, 1985 : 13-16.

Prix Kalinga 1984, dossier Yves Coppens, volume 1, présentation, document dactylographié, 1984.

Le public ne s'y trompe pas. *In :* Les ancêtres de l'Homme. *Science et Vie*, numéro hors série trimestriel, n° 129, décembre 1979 : 4-7.

In : 3 millions d'années d'aventure humaine, le CNRS et la préhistoire, Centre National de la Recherche Scientifique, Paris, 1979 : 1.

Allocution lors de l'ouverture au Museo delle Origini à l'Université degli Studi de Rome de l'exposition *Origini dell'uomo*, 14 novembre 1981, manuscrit.

L'exposition. *In : Origines de l'Homme*, Musée de l'Homme, Paris, 1976 : 10-13.

Da Parigi a Roma, *Origini dell'uomo, Museo delle Origini, Fratelli Palombi Editori, Rome, 1981 : 7-8.*

Préface. In : André Gidali, *Sur les traces de nos lointains ancêtres*, dossier documentaire et pédagogique sur la préhistoire. Centre départemental de Documentation pédagogique du Val-de-Marne, Académie de Créteil, 1984, 2 pages.

Préface. *In : Au bon temps des Mammouths (initiation à la Préhistoire)*, Centre régional de Documentation pédagogique de l'Académie d'Orléans-Tours, Musée de Sciences naturelles d'Orléans, Orléans, 1986 : 6-7.

Préface. *In :* Mario Ruspoli, *Lascaux, un nouveau regard*, Bordas, Paris, 1986 : 5-6.

Préface. *In : Jean-Claude Barreault, sculpteur*, Centre de développement culturel, Alençon, 1985 : 3.

Présentation de la pièce *Plus ou moins bêtes ou le plus que passé* de Bernard Avron, Musée de l'Homme, lundi 5 octobre 1981, manuscrit.

Fragments de présentation
en guise de fermeture

Un jour de septembre au Kenya, je roulais de Nairobi vers Karen sous une impressionnante averse de mousson. Apercevant sur le bord de la route une jeune Africaine marchant sans protection vers son village, je m'arrêtai et lui proposai de monter. Elle accepta. Pour engager la conversation, je lui demandai, comme on le fait souvent : « Which tribe are you from ? » Elle me répondit : « I am a Kikuyu ! » J'enchaînai alors pour me présenter et tenter de l'amuser en même temps en lui disant : « I am not a Kikuyu ! » Elle rit ! « I am not a Masai ! » Elle rit de nouveau ! Pensant que l'introduction était suffisante et que le moment était venu de dire d'où je venais j'ajoutai : « I am french. » Absolument ravie de cette révélation, elle me répliqua très gentiment : « Oh ! you are French ! I am Margaret ! » J'ai cru alors percevoir la modestie de mon demi-million de kilomètres carrés natal, partie de l'Europe, l'Europe n'étant elle-même, me disait un ami chinois, qu'une partie de l'Asie.

La France, c'est donc une terre de l'ouest de l'Eurasie, d'Extrême-Occident, pourrait-on dire, probablement peuplée depuis 2 millions d'années. Cette situation en cul-de-sac lui a d'ailleurs valu d'être parfois l'exagération d'un phénomène, parfois le point de départ d'un autre ; nulle part ailleurs l'homme de Neandertal n'y a été plus néandertalien (figure 3), nulle part ailleurs, sauf dans le nord de l'Espagne, les grandes civilisations du Paléolithique supérieur (Lascaux) n'y ont été plus brillantes.

Bien que son histoire, sa philosophie, son comportement se

confondent bien souvent et à juste raison avec ceux des autres pays d'Europe, la France, qu'un État et une langue ont fabriquée en réunissant, peu à peu, quelques populations pour quelques millénaires, se démarque de ceux-ci par une forme un peu particulière de pensée, un sens un peu particulier de l'esthétique, un art un peu particulier de vivre, que reflètent aussi bien sa littérature, sa peinture, son architecture, sa technologie, que sa mode et sa gastronomie.

Tout à fait convaincu d'être fraternellement citoyen du monde, je n'en suis pas moins certain, heureux et fier d'être français.

SOURCE

In : Avant propos, *Chronique de la France et des Français*, Larousse, Paris, 1987 : XIV-XV.

Postface

Il est facile d'imaginer que, pour une fois, j'éprouve le besoin de fermer ce que je viens d'ouvrir tant de fois... je le ferai donc volontiers; je tenterai même de le faire de manière solennelle!

Que le lecteur oublie, le temps de ces quelques dernières lignes, le petit jeu des préfaces et des allocutions; je voudrais lui redire, de façon peut-être plus dépouillée, ce que les sciences que je pratique pensent avoir découvert et que je n'ai cessé de crier, sous différentes formes, au fil de ces multiples introductions.

La matière de l'Univers et la matière de la Terre sont les mêmes. Contrairement à ce que l'on dit souvent pour se rassurer, le passage de cette matière (que l'on appelle La Matière pour l'isoler) à la Vie s'explique sans problèmes scientifiques majeurs. L'unité de la Vie et sa brillante diversification évolutive ne font pas plus de doutes sérieux que la proposition précédente (figure 1). Au cours de ce merveilleux phénomène, mutation et sélections ont fait l'Homme, de la même façon qu'elles ont modelé n'importe quel autre être vivant.

Comme les Singes et les Hommes sont des Primates, que les Singes ont 70 millions d'années, les Singes supérieurs qui sont parfois les seuls à être appelés Singes, 40 millions d'années, et que la famille des Hommes n'en a de toute façon que 8 et l'Homme lui-même, 3 à 4, cessons de jouer avec les mots pour préserver je ne sais quelle dignité : l'Homme descend bel et bien de Singes. Cela dit, l'Homme a une origine unique; il se trouve d'ailleurs que cette origine est tropicale et qu'elle se situe dans l'est de l'Afrique. C'est la sélection d'un nouveau port bien sûr mais c'est aussi celle d'un meilleur système nerveux qui lui a permis de survivre, comme celle d'une meilleure patte ou celle d'une meilleure mâchoire le permettait au même moment à d'autres. Or, ce système nerveux, dans sa croissance, a fait naître la conscience et avec elle, la connaissance. Tous les instincts ou presque se sont alors effacés pour laisser la place à ce que l'on appelle l'acquis. L'Homme doit tout apprendre en échange de quoi il est libre.

Alors je ne comprends pas, en dehors des détails de l'histoire des dogmes, ce qui différencie ce que je viens de déclarer de ce que soutiennent les mythes et les religions du monde. Pas à pas, nos sciences rationnelles tout en décrivant les profondes racines animales de l'Homme, l'ont fait émerger, habile, conscient, responsable, de l'étonnante complexité de l'Univers, de la foisonnante créativité de la Vie.

Comme tous les Hommes de la terre sont nés au même endroit (biogéographique), au même moment (géologique), d'une même population, ils ont tous la même ancienneté, la même durée d'histoire. Un Homme vaut un Homme. La connaissance de l'autre, c'est aussi son respect, et c'est peut-être le début de la paix. On n'a que trop longtemps bêtifié avec l'Homme d'ailleurs; cessons d'appeler primitifs, les autres. On a, de même, beaucoup bêtifié avec l'Homme d'avant. La paléoanthropologie et la préhistoire s'efforcent, en racontant l'histoire des Hommes, de montrer la progression de leur corps, de leur réflexion, de leurs réalisations; cessons de les imaginer stupides! Les frontières rassurent; il faut pourtant les abattre. J'émettrai donc, pour terminer, avec toute la force qu'il m'est donné d'avoir, un vœu que je crois important, en lui-même et dans ses conséquences : respectons aussi l'Homme passé. « Les Hommes naissent et demeurent libres et égaux en droit », et ce depuis 3 à 4 millions d'années.

Table des matières

III

LES GRANDS ANCÊTRES ET LEUR ENVIRONNEMENT

IV
ORIGINE ET ÉVOLUTION DE L'HOMME,
QUESTION DE DIFFUSION

DU MÊME AUTEUR
CHEZ ODILE JACOB

Yves Coppens racontre nos ancêtres. L'Histoire des singes, 2009.
Le Présent du passé, 2009.
Yves Coppens raconte l'Homme, 2008.
Le Genou de Lucy, 1999 ; Poches Odile Jacob, 2000.

Imprimé par Lightning Source France
1 avenue Gutenberg
78310 Maurepas

N° d'édition : 7381-0668-Y